Zeitschrift für Meteorologie

Band 38 · 1988 · Heft 5

Im Auftrage der
Meteorologischen Gesellschaft
der Deutschen
Demokratischen Republik

herausgegeben von
K. Bernhardt, Berlin,
W. Häuser, Potsdam,
H. Pleiß, Dresden und
J. Taubenheim, Berlin

Akademie-Verlag · Berlin

ISSN 0084-5361 Z. Meteorol., Berlin 38 (1988) 5, 265–336

Im Auftrage der Meteorologischen Gesellschaft der Deutschen Demokratischen Republik
herausgegeben von
K. Bernhardt, Berlin, W. Häuser, Potsdam, H. Pleiß, Dresden und J. Taubenheim, Berlin

Unter Mitwirkung von

B. Béll, Budapest
W. Böhme, Potsdam
M. Čadež, Beograd
G. Dietze, Dresden-Wahnsdorf
I. Drăghici, Bucureşti
A. Eliassen, Oslo
Th. Foken, Potsdam
Th. Günther, Berlin
G. Hentschel, Berlin
P. Hupfer, Berlin
D. Jordanov, Sofia
J. Kluge, Potsdam
J. Kolbig, Potsdam
K. Ja. Kondrat'ev, Leningrad
J. Lukáč, Bratislava
M. Reiber, Potsdam
D. Sonntag, Berlin
D. Spänkuch, Potsdam
F. Steinhauser, Wien
K. Unger, Quedlinburg

Bezugsmöglichkeiten der Zeitschrift für Meteorologie

Bestellungen sind zu richten

- *in der DDR* an den Postzeitungsvertrieb unter Angabe der Kundennummer des Bestellenden oder an den Akademie-Verlag Berlin, Leipziger Str. 3–4, Postfach 1233, DDR - 1086 Berlin;
- *im sozialistischen Ausland* an eine Buchhandlung für fremdsprachige Literatur oder an den zuständigen Postzeitungsvertrieb;
- *in der BRD und Berlin (West)* an eine Buchhandlung oder an die Auslieferungsstelle KUNST UND WISSEN, Erich Bieber oHG, Postfach 102844, D - 7000 Stuttgart 10;
- *in den übrigen westeuropäischen Ländern* an eine Buchhandlung oder an die Auslieferungsstelle KUNST UND WISSEN, Erich Bieber GmbH, General Wille-Str. 4, CH - 8002 Zürich;
- *im übrigen Ausland* an den Internationalen Buch- und Zeitschriftenhandel; den Buchexport, Volkseigener Außenhandelsbetrieb der Deutschen Demokratischen Republik, Postfach 160, DDR - 7010 Leipzig; oder an den Akademie-Verlag Berlin, Leipziger Str. 3–4, Postfach 1233, DDR - 1086 Berlin.

Zeitschrift für Meteorologie

Herausgeber: Im Auftrage der Meteorologischen Gesellschaft der Deutschen Demokratischen Republik herausgegeben von Prof. Dr. Karlheinz Bernhardt, Berlin; Dr. Wilfried Häuser, Potsdam; Prof. Dr. Hermann Pleiß, Dresden; Prof. Dr. Jens Taubenheim, Berlin.

Verlag: Akademie-Verlag Berlin, Leipziger Straße 3–4, Postfach 1233, DDR - 1086 Berlin; Fernruf: 2 23 62 29 oder 2 23 62 21; Telex-Nr.: 114420; Bank: Staatsbank der DDR, Berlin, Kto.-Nr.: 6836-26-20712.

Chefredakteur: Dozent Dr. Rolf Haake, Potsdam.

Anschrift der Redaktion: Zeitschrift für Meteorologie, Kleine Weinmeisterstr. 14, DDR - 1560 Potsdam; Fernruf: Potsdam 2 54 18.

Veröffentlicht unter der Lizenznummer 1281 des Presseamtes beim Vorsitzenden des Ministerrates der Deutschen Demokratischen Republik.

Gesamtherstellung: IV/2/14 VEB Druckerei »Gottfried Wilhelm Leibniz«, DDR - 4450 Gräfenhainichen.

Erscheinungsweise: Die Zeitschrift für Meteorologie erscheint jährlich in einem Band mit 6 Heften. Bezugspreis je Band 180,– DM zuzüglich Versandspesen. Preis je Heft 30,– DM. Der gültige Jahresbezugspreis für die DDR ist der Postzeitungsliste zu entnehmen.

Bestellnummer dieses Heftes: 1013/38/5.

AN (EDV) 7725

Zeitschrift für Meteorologie

Band 38 · 1988 · Heft 5

Z. Meteorol. 38 (1988) 5, 265–336

551.596.9
551.501.796
551.586:61
551.509.6:623.454.82

Atmosphärische Infraschallwellen

Von G. Bull, H. Goering, J. Neisser

Mit 13 Abbildungen

Zusammenfassung: Atmosphärische Infraschallwellen weisen eine extrem geringe Dämpfung auf und können durch Ausbreitung in atmosphärischen Wellenleitern über große Entfernungen beobachtet werden; vom gesamten akustischen Emissionsspektrum einer Quelle bleibt in größeren Entfernungen nur noch der Infraschallbereich als Informationsträger erhalten. In einer Übersichtsarbeit wird ein Überblick über die Dämpfungseffekte und die Ausbreitung der Infraschallwellen, über einschlägige Meßverfahren, die verschiedenen natürlichen und technischen Infraschallquellen und die Einwirkung von Infraschall auf den Menschen vermittelt.

Summary: Infra-sonic waves are common in the atmosphere. Since infra-sonic waves are only weakly attenuated in the atmosphere, they can propagate with reflections in sound channels over very large distances. The purpose of the present paper is to review some aspects of absorption and propagation characteristics of infra-sonic waves, the measuring and processing equipment, different types of natural and man-made infra-sound sources and effects of infra-sound upon humans.

Резюме: Инфразвуковые волны (частота менее 15 гц) играют важную роль в физике различных слоев атмосферы, потому что эти волны способны распространяться на многие сотни километров от источника без существенного затухания.
В статье обобщаются некоторые теоретические основы, методы измерения, источники и влияние инфразвука на человека.

1. Einleitung

Infraschallwellen sind mit unterschiedlichen Intensitäten ständig vorhanden. Schon vor rund 100 Jahren wurden beim Ausbruch des Krakatau-Vulkans mit den damaligen Barographen Infraschallwellen beobachtet, die die Erde mehrmals umrundeten und noch in Entfernungen von 100000 km beobachtet wurden. Kernwaffenexplosionen konnten weltweit registriert werden, Infraschallwellen beim Ausbruch des Mount St. Helens im Jahre 1980 wiesen in Europa noch Amplituden von 15 Pa auf. Systematische Infraschalluntersuchungen wurden im wesentlichen Ende der 50iger Jahre begonnen, sie nahmen mit den Arbeiten zur Ortung der Atomversuchsexplosionen einen schnellen Aufschwung, dem nach dem Verbot der atmosphärischen Kernwaffenversuche eine wesentliche Reduzierung im Umfang der Arbeiten und eine Verlagerung der Untersuchungen auf zahlreiche andere Infraschall-Problematiken folgte. Dem Infraschall werden oft spektakuläre Wirkungen nachgesagt, erinnert sei nur an das Stichwort Bermuda-Dreieck. Inzwischen liegen zahlreiche Untersuchungen über Infraschall-Emissionen verschiedenen Ursprungs vor, die z. T. klare Aussagen ermöglichen, z. T. aber noch vieles offen lassen.

Unter Infraschallwellen werden Schallwellen verstanden, die durch Frequenzen < 16 Hz gekennzeichnet sind, also unterhalb der als Hörbarkeitsgrenze angenommenen Frequenz. An den Infraschallbereich schließt sich auf der höherfrequenten Seite der Hörschall- und der Ultraschallbereich an, auf der tieffrequenten Seite wird der Infraschallbereich durch die akustische Grenzfrequenz begrenzt (im Mittel etwa 4,5 min Periode). Daran schließt sich, beginnend bei der Brunt-Väisälä-Frequenz (im Mittel etwa 5 min Periode), der Schwerewellenbereich an mit Perioden bis zu Stunden. Infraschallwellen weisen Besonderheiten auf, die zu einem wesentlichen Teil ihre Bedeutung bedingen:

1. Die atmosphärische Dämpfung ist für Infraschallwellen extrem gering, die Dämpfung durch Wärmeleitung und Viskosität ist proportional f^2, sie nimmt mit der Höhe zu, weist aber auch in größeren Höhen noch geringe Werte auf.

2. Infraschallwellen können sich in der Atmosphäre (wie auch im Ozean) über sehr große Entfernungen ausbreiten durch das Vorhandensein von natürlichen Wellenleitern bei entsprechendem Vertikalprofil der Schallgeschwindigkeit.
3. Unter dem Gesichtspunkt des Umweltaspekts ist die geringe Dämpfung der Infraschallwellen gegenüber dem Hörschall beim Durchdringen von Mauern u. ä. zu nennen.

Im folgenden soll ein Überblick über einige theoretische Grundlagen des Infraschalls, die Meßmethoden, die natürlichen und technischen Quellen und einige Umweltaspekte gegeben werden (aktualisierte Auszüge aus einem internen Bericht des Heinrich-Hertz-Instituts „Entstehung, Ausbreitung, Messung und Interpretation von atmosphärischem Infraschall; *G. Bull, H. Goering* und *J. Neisser,* 1984).

2. Dämpfungseffekte

Infraschallwellen werden gegenüber Schallwellen im Hörbereich nur sehr schwach gedämpft. Sie breiten sich ungehindert über weite Gebiete fast ungedämpft aus, besonders innerhalb der unteren Atmosphäre. Die schwachen Dämpfungseffekte entstehen durch Reibung infolge der Zähigkeit des Mediums (klassische Dämpfung), durch infrarote Wärmestrahlung des Mediums, durch molekulare Absorption bei der Kompression innerhalb des betrachteten Volumenelements (zweite Zähigkeit) sowie durch Wärmeleitung.

Im Infraschallbereich ist die klassische Absorption gegen die molekulare und Strahlungsabsorption zu vernachlässigen. Die molekulare Absorption ist temperaturabhängig und abhängig von der Luftfeuchtigkeit. Die Strahlungsdämpfung ist für Frequenzen kleiner als 1 Hz dominierend innerhalb der unteren Atmosphäre und ebenfalls von der Wasserdampfkonzentration abhängig.

Berücksichtigt man Zähigkeit und Wärmeleitfähigkeit, erhält man näherungsweise folgende Beziehung für die Absorption der Infraschallintensität (*Landau, Lifschitz* 1966, *Suzuki* 1981):

$$I(R)=I_0 \cdot \exp\left(-\int_0^R \alpha_\omega(r)\,\mathrm{d}r\right) \quad \text{mit}$$
$$\alpha(\omega)=\frac{\omega^2}{c_0^3}\cdot\left(\frac{4}{3}\,b+\frac{\varkappa-1}{\varkappa}\,w\right), \tag{1}$$

Dabei sind $b=\dfrac{1{,}7\cdot 10^{-4}}{\varrho(y_3)}$ die Zähigkeit, $w=\dfrac{2{,}1\cdot 10^{-5}}{\varrho_0(y_3)}$ die Wärmeleitfähigkeit, $\varkappa=c_p/c_v=1{,}4$, c_0 die Schallgeschwindigkeit, ω die Frequenz, ϱ_0 die Dichte und $\{y_1, y_2, y_3\}$ die kartesischen Raumkoordinaten. Aus (1) ist ersichtlich, daß die sehr schwachen Dämpfungseffekte vernachlässigbar sind. Sie sind voraussetzungsgemäß nicht in der Dispersionsrelation enthalten. Im allgemeinen müssen Strömungen, Temperaturprofile sowie nichtlineare Effekte berücksichtigt werden.

3. Ausbreitung von Infraschallwellen

Für die in den weiteren Kapiteln behandelten Wechselwirkungen von Infraschallwellen in der Atmosphäre sind die Ausbreitungscharakteristika dieser Wellen von entscheidender Bedeutung. Während für die Schwerewellen als quasielastische Kraft archimedische Auf- und Abtriebskräfte wirken, ist im Infraschallbereich ebenso wie im klassischen Schallbereich die Kompressibilität der Luft die rücktreibende Kraft. Die entsprechenden Grundgleichungen können aus der Theorie der Schallausbreitung abgeleitet werden (z. B. *Goldstein* 1976). Für eine isotherme, in Ruhe befindliche Atmosphäre wird ein linearisiertes Grundgleichungssystem für die Fluktuationen (schwingende Größen) angegeben (s. z. B. *Utke* 1970). Die entsprechende Dispersionsrelation lautet bei Berücksichtigung der barometrischen Höhenformel (s. u. a. *Jones* 1976)

$$\omega^2\,(c_0 k_{y_3}^2+\omega_a-\omega^2)+(\omega^2-\omega_g^2)\,c_0^2 k_{y_1}^2=0 \tag{2}$$

Dabei sind $\omega_a^2=\dfrac{\varkappa^2 g^2}{4c_0^2}$ und $\omega_g^2=\dfrac{(\varkappa-1)\,g^2}{c_0^2}$

die akustische Grenzfrequenz bzw. die Brunt-Väisälä-Frequenz. Im Frequenzbereich zwischen diesen beiden Grenzfrequenzen ist keine Wellenausbreitung möglich (s. Abb. 1).

Die Lösung der Dispersionsgleichung (2) ergibt für den akustischen Teil des Spektrums ($\omega > \omega_a$) relativ einfache Beziehungen. Die Ausbreitung erfolgt demnach quasiisotrop. Phasen- und Gruppengeschwindigkeit sind etwa gleich der Schallgeschwindigkeit und der Winkel zwischen beiden ist etwa Null, d. h. die Energieausbreitung erfolgt in Richtung der Wellenausbreitung. Beim Übergang in den Bereich der akustischen Grenzfrequenz ω_a ($\omega > \omega_a$ und $\omega \approx \omega_a$) müssen neben der Kompressibilität auch Schwerkrafteffekte berücksichtigt werden, damit werden die Kurven im $\omega - ky_1$ Diagramm zunehmend anisotrop (Übergang zu Hyperbeln). Diese einfachen Lösungen existieren jedoch nur für eine isotherme in Ruhe befindliche Atmosphäre ($\mathfrak{v}=0$) mit $p=p\,(y_3)$ und $\varrho=\varrho\,(y_3)$. Für eine reale Atmosphäre sind die einfachen Ausbreitungsdiagramme lediglich eine orientierende Grobnäherung. Da im gesamten Höhenbereich von der Erdoberfläche bis zur Thermosphäre markante, raumzeitlich stark variable Schwankungen der Temperatur und vor allem der Windströmungen in den Scale-Bereichen von der Turbulenz bis zu den planetaren Wellen typisch sind (CIRA 1972), ist die Lösung der Ausbreitungsgleichungen nicht mehr analytisch möglich und verschiedene

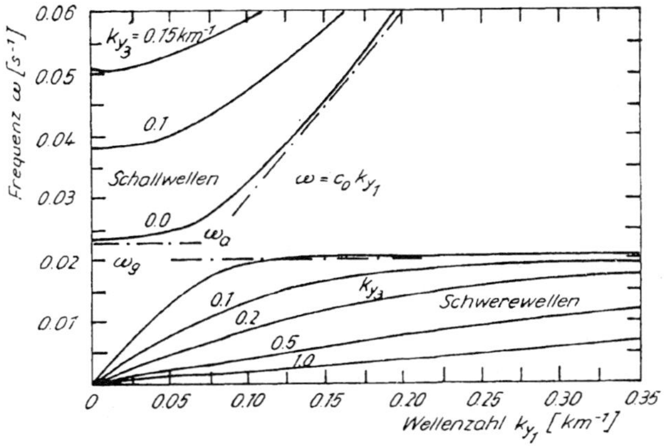

Abb. 1. ω-ky_1-Diagramm der akustischen und Schwerewellen-Moden in einer isothermen Atmosphäre ($c_0 = 300\ \mathrm{m \cdot s^{-1}}$, $\gamma = 1{,}4$) nach *Jones* (1976)
Fig. 1. ω-ky_1-diagrame of the acoustic and gravity wave modes for an isothermal atmosphere ($c_0 = 300\ \mathrm{m \cdot s^{-1}}$, $\gamma = 1{,}4$) after *Jones* (1976)

Approximationsverfahren (Mehrschichtmodelle, numerische Integration, asymptotische Lösungsvarianten) müssen angewendet werden. Eine der am häufigsten angewendeten Methoden zur Berechnung der Infraschallwellenausbreitung in einer temperatur- und windgeschichteten Atmosphäre beruht auf den Gesetzmäßigkeiten der geometrischen Optik (Ray tracing-Methode). Die grundlegenden Anwendungen wurden erstellt von *Barry* (1963) und *Donn, Rind* (1972, 1973, 1975). Die Methode ist anwendbar für Wellen, deren Wellenlänge kleiner ist als die Abmessungen der Schichtstrukturen des Ausbreitungsmediums. Die Frequenz der Welle bleibt unberücksichtigt. Die Atmosphäre wird durch ein Schichtmodell beschrieben. Die Schallgeschwindigkeit ist darin entsprechend $T(z)$ nur eine Funktion der Höhe z. Der Windeinfluß auf die Schallgeschwindigkeit in der jeweiligen Schicht wird durch Addition berücksichtigt.

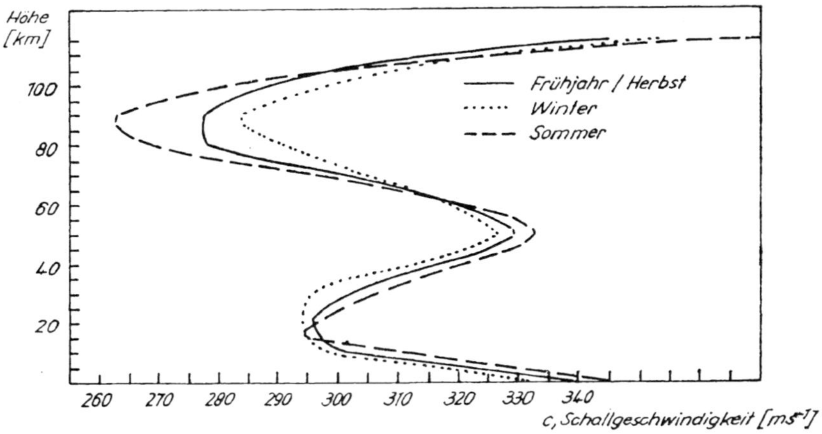

Abb. 2. Vertikalprofil der Schallgeschwindigkeit $c = c(T)$ in Abhängigkeit vom mittleren Temperaturprofil (*Donn* und *Rind*, 1972)
Fig. 2. Sound velocity profile $c = c(T)$ as a function of the mean temperature profile (*Donn* and *Rind*, 1972)

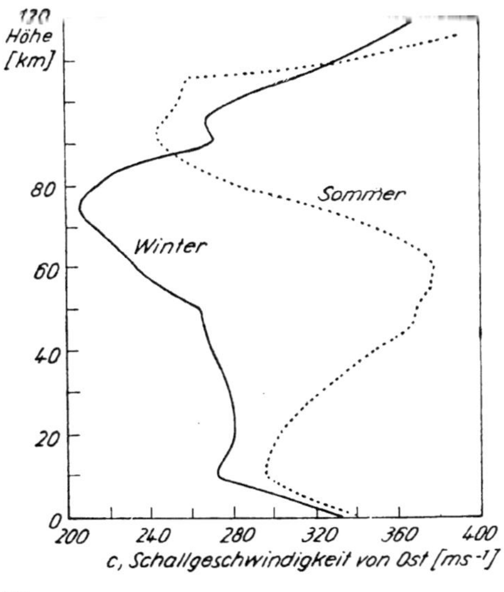

Abb. 3. Vertikalprofil der Schallgeschwindigkeit $c = c(T, v)$ in Abhängigkeit vom mittleren Temperatur- und Windprofil (*Rind* und *Donn* 1975)
Fig. 3. Sound velocity profile $c = c(T, \ )$ as a function of mean temperature and wind profile (*Rind* and *Donn*, 1975)

Abb. 2 zeigt für mittlere Breiten das Vertikalprofil der Schallgeschwindigkeit für Winter-, Sommer- und Herbst- bzw. Frühjahrsbedingungen, wie es sich zunächst nur bei Berücksichtigung des mittleren Temperaturprofils ergeben würde. Man erkennt die für die Ausbreitung kritischen hohen Werte der Schallgeschwindigkeit im Bereich der Mesosphäre über 100 km und eine zweite, hier aber weniger kritische Höhe bei ca. 50 km. Dieses Bild wird jedoch durch das Windprofil und dessen starke raumzeitliche Variabilität erheblich modifiziert, wobei der Einfluß des Windes, im Gegensatz zum Temperatureffekt, stark anisotrop ist (Abb. 3). Neben den Variationen des vorherrschenden Windes, müssen bei der Strahlberechnung auch die raumzeitlichen Schwankungen der ganz- und halbtägigen Gezeitenkomponente, die in Abhängigkeit von der Breite und der Höhe Amplituden bis zu 40–80 $m \cdot s^{-1}$ erreichen können, unbedingt berücksichtigt werden. Bei Ausbreitungsrichtungen der Infraschallwellen in östliche Richtungen ist in mittleren Breiten außerdem durch die Wirkung des Tropopausen-Strahlstroms ein Wellenleiter zwischen Erdboden und oberer Troposphäre möglich. Mittlere Atmosphärenmodelle sind für orientierende Aussagen geeignet, jedoch ist vor allem bei der Untersuchung zeitlich begrenzter Quellenmechanismen (Vulkane, Explosionen, Erdbeben) die Detailkenntnis der aktuellen Temperatur- und Windprofile unumgänglich. *Georges* berücksichtigte im Rahmen eines dreidimensionalen Ray-tracing-Programms auch Windkomponenten senkrecht zur Ausbreitungsrichtung (*Georges, Beasley* 1977) Ebenso wurde von *Georges* (1973) der Einfluß einer im allgemeinen nicht vernachlässigbaren, jedoch meist unbekannten, horizontalen Variabilität des Brechungsindex für Schallwellen bei ihrer Ausbreitung z. B. durch großräumige Wetterwirbel untersucht.

Die geometrische Strahlenkonstruktion berücksichtigt keine Dämpfungseffekte. Diese können unterhalb von 100 km Höhe und für Perioden größer als 0,5–1 Sekunde in erster Näherung vernachlässigt werden. Dagegen wächst jedoch für größere Höhen die Dämpfung proportional zur Frequenz rasch an und wirkt oberhalb von 200 km als ausbreitungsbegrenzender Faktor. Für eine große Zahl verschiedenartigster Infraschall-Events sind von vielen Autoren für Meßnetze vor allem an der Ostküste der USA, in Alaska, an der Westküste von Großbritannien, in Mitteleuropa und Japan Strahlenwegberechnungen für Infraschallquellen am Erdboden (Microbaroms, Vulkane, Erdbeben), in der Troposphäre (z. B. Gewitter) oder in der oberen Atmosphäre (z. B. Aurora) durchgeführt worden (*Barry* 1963; *Balachandran, Donn, Kaschak* 1971; *Donn, Rind* 1972, 1975, 1978, 1979; *Williamson* 1965; *Rind, Donn, Dede* 1973; *Georges, Beasley* 1977; *Suzuki* 1981; *Linde* 1980; *Tahira* 1982). Die Ergebnisse der Ray-tracing-Berechnungen werden sowohl zur Ortung unbekannter und bekannter Quellen als auch zur Sondierung der atmosphärischen Ausbreitungsbedingungen benutzt (*Linde* 1980).

4. Meßverfahren für atmosphärischen Infraschall

4.1. Sensorprinzipien

Der große Dynamikbereich in den Spektren atmosphärischer Druckfluktuationen mit einer Änderung von ca. 20 db/Frequenzdekade (*Gossard* 1960) macht deutlich, daß für jeden Frequenzbereich spezielle Meßsensoren erforderlich sind. Sowohl die Verfeinerung der meteorologischen Meßverfahren zu größerer Empfindlichkeit und zu höherer zeitlicher Auflösung als auch die Ausdehnung der spezifischen akustischen Meßverfahren bis zu Perioden unterhalb des Hörbereichs haben in den vergangenen zwei Jahrzehnten eine meßtechnische Erfassung des gesamten Spektrums atmosphärischer Druckvariationen möglich gemacht. Die folgenden Aussagen beziehen sich nur auf den Infraschallbereich mit Perioden von $6{,}25 \cdot 10^{-2}$ s (16 Hz) bis ca. 300 s. Die zu messenden Amplituden liegen im Bereich von ca. 0,01 Pa bis ca. 10 Pa. Die Ausbreitungsgeschwindigkeiten schwanken meist zwischen 300 und 400 ms^{-1}. Die mit den Infraschallwellen durch Schwingungsbewegung der Luftpartikel verbundene Änderung der Wellenfeldgrößen Wellenausschlag, Schnelle, Druck, Dichte und Temperatur müssen von den speziellen Meßsensoren erfaßt werden. Die Entwicklung auf dem Gebiet der Infraschallmeßmethoden hat zu einer deutlichen Betonung derjenigen Meßprinzipien geführt, die die mit den Wellen verknüpften Variationen des Drucks und der Strömungsgeschwindigkeit erfassen.

Die am weitaus häufigsten verwendeten Meßfühler sind Drucksensoren, von denen eine Vielzahl von Variationen existiert. Alle Geräte besitzen ein von der Umgebung abgeschlossenes Volumen, auf das durch eine Membran die Druckvariationen übertragen werden. Die Deformationen der Membran werden über einen entsprechenden Wandlermechanismus in eine den Druckvariationen proportionales, geeignetes Signal übertragen. Wird das Referenzvolumen über eine Kapillare mit der Umgebung verbunden, werden je nach Strömungswiderstand der Kapillarenöffnung r die langperiodischen Druckvariationen kurzgeschlossen. Der Einfluß schneller, turbulenter Druckfluktuationen läßt sich durch geeignete akustische Tiefpass-Filteranordnungen eliminieren (*Grover* 1971) Abb. 4 zeigt den prinzipiellen Aufbau des differentiellen Mikrobarographen mit Anschluß an ein räumliches, äußeres Filter. Die Kapillare zwischen V_1 und V_2 entspricht einem akustischen Widerstand r mit

$$r = \frac{8l\eta}{\pi \left(\frac{d}{2}\right)^4} \tag{3}$$

wobei l die Länge und d der Durchmesser der Kapillare und η die Viskosität der Luft sind. Die Volumina wirken als Kapazität C mit

$$C = \frac{V}{\varrho_0 \cdot c_0^2} \tag{4}$$

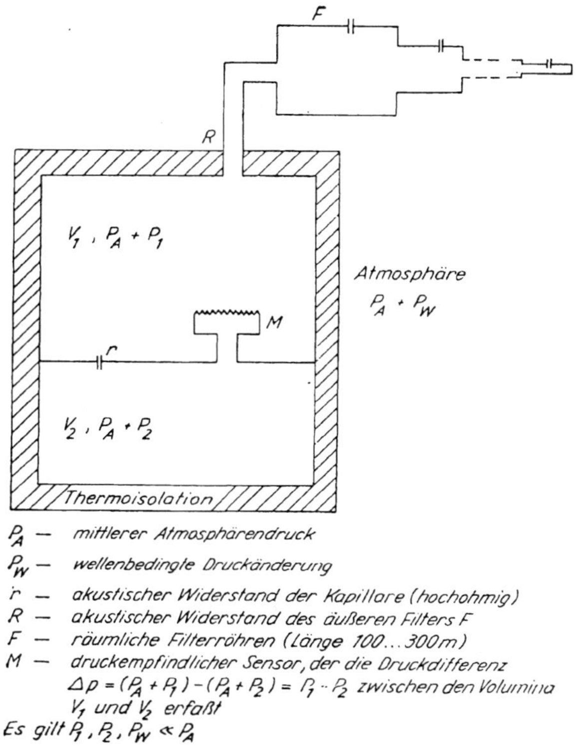

Abb. 4. Aufbauprinzip eines differentiellen Mikrobarographen mit akustischem Filter
Fig. 4. Principle of a differential microbarograph with noise-reducing pipes

Die Zeitkonstante τ des Sensors wird durch die Dimensionierung der Sensorkapazität C (Referenzvolumen) und der als akustischer Widerstand wirkenden Kapillare mit $\tau = r \cdot C$ festgelegt. Dabei wird τ entsprechend dem gewünschten Verwendungsbereich so gewählt, daß die Frequenzabhängigkeit der Amplituden bzw. der Phasen möglichst gering ist. Die untere Grenzfrequenz f_g wird durch die Beziehung $T_g = 1/f_g = 2\pi \cdot \tau$ (3 db-Abfall der relativen Amplitude) festgelegt. Mit Hilfe von entsprechenden Korrekturfaktoren lassen sich auch außerhalb des Linearbereichs gelegene Frequenzen analysieren. Durch die Temperaturabhängigkeit von r und von V ist τ eine Funktion der Temperatur, was insbesondere bei Langzeitmessungen durch Thermoisolation der Meßapparatur berücksichtigt werden muß. Als Wandlermechanismen bei Druckdosengeräten kommen mechanische, fotoelektrische, induktive, elektrodynamische, elektrostatische, piezoelektrische, elektrostriktive, magnetostriktive, elektrochemische Verfahren sowie Elektretmaterialien in Anwendung. Drucksensoren zur Untersuchung von Infraschallwellen wurden u. a. entwickelt von *Cook* (1962), *Stilke* (1967), *Liszka* (1971), *Sessler, Westin* (1973), *Brodhun, Willimczik* (*Bull, Brodhun, Neisser, Willimczik* 1974). Die Parameter der Geräte unterliegen in Abhängigkeit von der Zielsetzung der Messungen gewissen Schwankungen, wobei im allgemeinen Druckamplituden ab ca. 0,01 Pa und Perioden ab ca. 0,1 Sekunde erfaßt werden.

Strömungsgeschwindigkeitssensoren besitzen ebenfalls ein Referenzvolumen, das jedoch mit der Atmosphäre durch ein definiertes Rohr direkt verbunden ist. Eine Druckvariation in der Atmosphäre erzeugt im Rohr eine Ausgleichsströmung, die vermessen wird. Als Wandlermechanismen kommen im Luftstrom befindliche Thermistore bzw. Hitzdrähte oder fotoelektrisch bzw. elektrodynamisch vermessene dünne Plättchen im Luftstrom in Anwendung. Infraschallanlagen mit Geschwindigkeitssensoren wurden u. a. entwickelt von *Fehr* (1967) und *Eruščenkov, Ponomarev, Turcaninov* (1974). Die erreichte Empfindlichkeit ist gegenüber den Drucksensoren meist um eine Größenordnung höher.

Zusammenfassend kann festgestellt werden, daß den beiden skizzierten Sensortypen der Vorrang gegenüber allen anderen Wandlerprinzipien zu geben ist, und die technischen Schwierigkeiten bei der Ermittlung anderer Wellenfeldgrößen (z. B. Temperaturmessung) bisher nicht gelöst wurden. Kondensatormikrophon-Sensoren sind wegen ihrer Robustheit und besseren Eichmöglichkeit vor allem im Feldeinsatz besser geeignet als Strömungsgeschwindigkeitssensoren.

4.2. Methoden der Rauschunterdrückung

Bei der Untersuchung atmosphärischer Infraschallwellen ist die Trennung der Wellenenergie von turbulenten Druckfluktuationen von entscheidender Bedeutung für die Interpretation der Messungen. Die in der Atmosphäre ständig vorhandenen windbedingten turbulenten Druckschwankungen treten im gesamten Infraschallbereich mit Amplituden bis 10 Pa auf und liegen damit häufig um 2–3 Größenordnungen über den Amplituden der Infraschallwellen. Eine einfache Frequenzfilterung scheidet wegen der identischen Frequenzen für Stör- und Nutzsignal aus. Es existiert eine Vielzahl von Methoden zur Verbesserung des Signal-Rausch-Verhältnisses, die meist nur für einen bestimmten Frequenzbereich anwendbar sind und häufig bei der praktischen Realisierung kombiniert werden. Neben einfachen Methoden, wie Windschutzschilde (*Fehr* 1967) oder Helmholtz-Resonatoren (*Bull, Brodhun, Neisser, Willimczik*

1974) sind Selektivfrequenz-Sensoren oder die Verwendung von Schallreduzierungsröhren die effektivsten Methoden. Die Bestimmung der günstigsten Festfrequenz ist von der Natur der untersuchten Quelle, den Ausbreitungsbedingungen und den meteorologischen Umweltbedingungen abhängig und erfordert einen Kompromiß zwischen der Größe der atmosphärischen Dämpfung (möglichst niedriges Frequenzoptimum) und der Windturbulenz (möglichst hohes Frequenzoptimum). Häufig benutzte Frequenzen liegen zwischen 1 und 2 Hz (*Procunier, Sharp* 1971; *Liszka* 1971).

Die wirksamtse Methode der Rauschunterdrückung im Infraschallbereich stellen Schallreduzierungsröhren (Noise-Reducing Line-Mikrophones, pipe-array, pipe-filter, space-filter) dar, die von *Daniels* (1959) erstmals vorgeschlagen und angewendet und von *Burridge* (1971) und *Grover* (1971) ausführlich erprobt wurden. Das Prinzip dieser räumlichen Filter beruht darauf, daß die effektive Wellenlänge der Windstörungen und deren Ausbreitungsgeschwindigkeit deutlich kleiner sind als die Infraschallwellenlängen und die Phasengeschwindigkeit der im allgemeinen mit Schallgeschwindigkeit sich ausbreitenden Infraschallwellen. Die Filter, die vor den Eingang des Mikrobarographen-Sensors geschaltet sind, bestehen aus 100 bis 500 m langen 2–6 cm dicken Metallröhren, in denen sich im Abstand von 1,5 bis 3 m Kapillaröffnungen befinden. Über die Kapillaren kann nur der entsprechend der Filterausdehnung kohärente Wellenanteil der Druckfluktuationen auf den Sensor wirken. Die mit diesen Filtern erreichten Verbesserungen des Signal-Rausch-Verhältnisses betragen 30 bis 50 db in einem Frequenzbereich von 0,001 bis 1 Hz (*Perona, Canavero* 1980).

4.3. Infraschall-Meßnetze

Messungen mit einem Einzelsensor liefern Informationen über den Infraschallpegel an einem Ort in Abhängigkeit von der Zeit. Insbesondere können Amplituden, Frequenzen, Wellenformen, zeitliche Verteilung und Dauer von Infraschall sowie das Leistungsspektrum ermittelt werden. Weitergehende Aussagen können nur durch Anordnung von mindestens 3 Sensoren zu einem Meßnetz erhalten werden. Neben der Unterscheidung zwischen turbulenten Windstörungen und wellenbedingten Druckfluktuationen ermöglichen Netzmessungen vor allem die Ermittlung des Wellenausbreitungsvektors und bei Kombination von mindestens 2 Meßnetzen eine Ortung der Infraschallquelle. Die meist in einem Dreieck angeordneten Sensoren eines Meßnetzes haben in Abhängigkeit von dem zu untersuchenden Frequenzbereich und dem Kohärenzverhalten der Infraschallwellen räumliche Abstände von einigen hundert Metern bis zu mehreren Kilometern. Es existiert eine größere Anzahl von Infraschall-Meßnetzen, die z. T. im Dauerbetrieb arbeiten, oft jedoch nur zur Untersuchung ausgewählter Quellphänomene für Meßkampagnen im Einsatz sind. Über Meßnetze in den USA berichteten *Cook* (1962), *Fehr* (1967), *Herrin, McDonald* (1971), *Rind* u. a. (1978), *Olson* (1983), in der UdSSR *Eruschenko, Ponomarjew, Turchaninov* (1974), *Grachev, Zygoruiko, Matveev, Morduchovich* (1978), in Schweden *Liszka, Olson* (1971), in Japan *Tahira* (1981), in England *Griffiths* (1983) und in der BRD *Linde* (1980).

4.4. Analysenverfahren für Infraschalldaten

Art und Umfang der Analyse der Infraschalldaten hängen wesentlich von den Eigenschaften des Nutzsignals und des Rauschsignals sowie von der konkreten Zielstellung ab. Im einfachsten Fall werden nur Pegelmessungen vorgenommen, z. B. für Fragen der Umweltbelastung durch nahe technische Infraschallquellen. Im allgemeinen ist zur Beschreibung des Infraschallfeldes die Ermittlung der Amplituden und der Leistungsspektren sowie der Wellenparameter Geschwindigkeit und Richtung der Wellen und weiterer abgeleiteter Parameter erforderlich.

Als mögliche Verfahren zur Bestimmung der Wellenparameter aus den Zeitverzögerungen der Wellenfront zwischen jeweils 2 Sensorpaaren eines Meßnetzes bieten sich an:

a) Visuelle Methoden
b) Kreuzkorrelationsmethoden
c) Kreuzspektralmethoden, insbesondere für tieffrequenten Infraschall

Bezüglich der Durchführung der Wellenparameter-Analysen siehe z. B. *Georges* und *Young* (1972), *Gossard* und *Hooke* (1975), *Olberg* und *Rákóczi* (1984).

5. Natürliche Infraschall-Quellen und ihre Charakteristika

5.1. Übersicht

Erste Infraschall-Druckwellen wurden bei dem Krakatau-Vulkanausbruch 1883 beobachtet. Inzwischen sind eine große Anzahl von natürlichen und technischen Infraschall-Quellen bekannt, die durch ihre typischen Kombinationen der Wellenparameter, Wellenamplituden, Wellenperioden, horizontale Spurgeschwindigkeit und Richtung, Andauer, Kohärenzverhalten und Zusammenhang mit anderen geophysikalischen Events identifiziert werden können. In zahlreichen Fällen herrscht jedoch über den Erzeugungsmechanismus der Infraschall-Wellen noch weitgehend Unklarheit.

Die verschiedenen Infraschallquellen können unterteilt werden in natürliche Quellen und technische Quellen. Verschiedene Quellen können einem ähnlichen physikalischen Wirkprinzip zugeordnet werden, z.B. Explosionen,

Stoßwellen, Turbulenzen u. a., siehe Abb. 5. Eine Einteilung der Quellen ergibt sich nach dem Ort ihres Auftretens in troposphärische Quellen, hochatmosphärische Quellen, Quellen an der Grenzfläche Wasser – Atmosphäre und an der Grenzfläche feste Erde – Atmosphäre. Die verschiedenen Quellen unterscheiden sich wesentlich in ihren ausgestrahlten Frequenzspektren, einige Quellen sind durch ein breites, kontinuierliches Spektrum gekennzeichnet, andere emittieren bevorzugte, diskrete Frequenzen. Die natürlichen Quellen weisen überwiegend Frequenzen im tieffrequenten Teilbereich mit Frequenzen < 1 Hz (meist $< 0{,}1$ Hz) auf, die technischen Quellen strahlen überwiegend Frequenzen > 1 Hz ab. Die verschiedenen Quellen können weiterhin nach ihrer Häufigkeit unterschieden werden, manche Quellen sind fast ständig oder zumindest für einen beachtlichen Teil der Zeit präsent, andere haben Impulscharakter und sind auf seltene Ereignisse beschränkt.

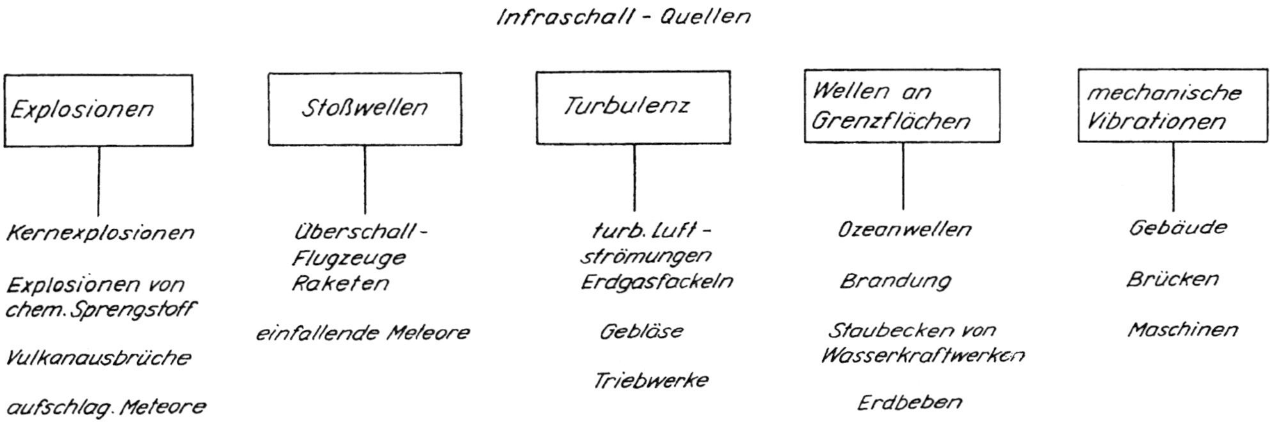

Abb. 5. Übersicht über Quellen von Infraschall-Emissionen
Fig. 5. Sources of infrasonic waves

5.2. Lokal erzeugte Druckfluktuationen im Infraschallbereich

Neben den durch Schallwellen verursachten Druckfluktuationen treten Druckvariationen infolge Windgeschwindigkeitsvariationen durch lokale Turbulenz auf. Die Luftströmung in bodennahen Schichten ist meist schon bei kleinen Windgeschwindigkeiten als turbulent anzusehen. Beim turbulenten Überströmen von Hindernissen, z. B. von Geländeunebenheiten, Bäumen, Gebäuden usw. können sehr starke Druckfluktuationen (bis zu 50 Pa) auftreten, die durch die Beziehung

$$\Delta p \approx \varrho v \Delta v \tag{5}$$

bestimmt sind, wobei Δv die lokale Geschwindigkeitsschwankung ist. Dieser sich mit der mittleren Strömungsgeschwindigkeit ausbreitende lokale Infraschall (auch als Pseudoschall bezeichnet), der den zu messenden Infraschallwellen als Rauschen überlagert ist, führt zu einem Signal-Rausch-Verhältnis von oft $\ll 1$.

5.3. Troposphärische Infraschallquellen

Durch atmosphärische Strömungsvorgänge angeregte Infraschallwellen werden meist beim Auftreten von kräftigen konvektiven Vorgängen und Stürmen (insbesondere bei Wirbelstürmen und Gewittern) beobachtet. Als mögliche Erzeugungsmechanismen werden im allgemeinen hochreichende Konvektionsvorgänge, Entladungsvorgänge bei Gewittern und starke Turbulenz genannt. Weiterhin werden häufig Infraschallwellen registriert, als deren Quellgebiete gebirgige Gegenden durch Ortung ermittelt werden, bei denen eine Beteiligung der Orographie bei der Erzeugung der Wellen primär oder sekundär angenommen wird.

5.3.1. Emissionsmechanismen

Von *Pierce* und *Coroniti* (1966) wurden als Mechanismus für die Erzeugung von akustischen Schwerewellen Konvektionsvorgänge bei der Gewitterentstehung angenommen. Bei Ausbildung einer Instabilität steigt die Luft mit Geschwindigkeiten von meist 3 m/s, z. T. örtlich bis 30 m/s, in höhere Schichten auf. Beim Erreichen der Gleichgewichtshöhe erfolgt ein Überschwingen über diese Höhe hinaus und ein nachfolgendes Zurückpendeln mit einer Periode etwa gleich der lokalen Brunt-Väisälä-Periode. Diese Schwingungen im Grenzbereich zwischen Schwerewellen und akustischen Wellen werden in der Hochatmosphäre als Schwerewellen-Moden beobachtet, auch die langperiodischen akustischen Moden im Minutenbereich werden diesem Mechanismus zugeschrieben. (*Chimonas* und *Peltier*, 1974; *Prasad* u. a., 1975; *Raju* u. a., 1981)

Durch Stoßwellen bei der plötzlichen Erwärmung der Luft im Blitzkanal konnte der Hörschall-Anteil am Donnerspektrum erklärt werden (*Few* 1969). Infraschallwellen werden ausgestrahlt, wenn das elektrostatische Feld bei einer Blitzentladung eine schlagartige Reduzierung erfährt (*Colgate* und *McKee*, 1969; *Dessler*, 1973; *Few*, 1985).

Nach *Dessler* ergibt sich bei Annahme einer Ladungsverteilung in der Gewitterwolke in Form eines scheibenförmigen Volumens mit Radius $r=2$ km, einer Gesamtladung $Q=40$ Coulomb, $\varrho_e=4\cdot 10^{-9}$ coul/m³ und $c=330$ m/s eine dominante Frequenz $\nu=0{,}5$ Hz nach der Beziehung

$$\nu=\pi^{3/2}r^2\varrho_e C/\sqrt{2}\,Q\,. \tag{6}$$

Bei Abstrahlung von einer Scheibe wird das akustische Signal senkrecht zur Scheibe ausgestrahlt, sofern die erzeugte Wellenlänge kleiner als der Scheibendurchmesser ist.

Ein weiterer Mechanismus für Infraschallemissionen von Stürmen basiert auf der Abstrahlung von kräftigen Turbulenzvorgängen. Die theoretischen Grundlagen für diesen Mechanismus wurden von *Lighthill* (1952, 1954, 1962) in seinen umfangreichen Arbeiten über aerodynamisch erzeugten Schall unter Annahme von Turbulenz als Schallquelle erarbeitet.

Nach *Lighthill* gilt für die abgestrahlte akustische Leistung von Stürmen und Turbulenz

$$P=K\,\frac{\varrho_e u_t^3}{l_0}\,VM^5 \tag{7}$$

wobei ϱ_e die Luftdichte,
u_t der RMS-Wert der turbulenten Geschwindigkeitsfluktuationen,
l_0 ein Längen-scale der Turbulenz,
M die Mach'sche Zahl, $M=\frac{u_t}{c}$,
V das Volumen der Quelle und
K eine Konstante ist, die zwischen 1 und 1000 variieren kann. Für K wurde von *Proudman* (1952) ein Wert von 38 unter Zugrundelegung des theoretischen Spektrums für isotrope Turbulenz von *Heisenberg* ermittelt.

Zu beachten ist, daß die akustische Leistung proportional der 5. Potenz der Mach-Zahl ist und damit in extremem Maße von dem Wert von u_t abhängt (u_t^8).

5.3.2. Ergebnisse von Messungen

Mehrjährige Infraschallregistrierungen ergaben für Infraschall-Emissionen von Stürmen u. a., daß die Dauer der Events häufig mehrere Stunden beträgt, die Wellenhäufigkeit ein Maximum am frühen Abend zeigt, die Amplitudenverteilung einen Medianwert von 0,06 Pa aufweist und die beobachteten Wellenperioden zwischen den Extremwerten 6 und 300 sec, meist jedoch zwischen 12–60 sec liegen, siehe z. B. *Bowman* und *Bedard* (1971), *Georges* und *Young* (1972) und *Georges* (1973). Eine Reihe von Stürmen konnte über Entfernungen von mehr als 1500 km durch Triangulation und Verfolgung durch mehrere Observatorien identifiziert werden. Die mit Infraschall-Meßnetzen beobachteten Perioden dürften durch turbulente Prozesse entsprechend der Lighthill-Theorie ausgelöst werden, während die bei ionosphärischen Sondierungen beobachteten Perioden von 1–5 min konvektiven Vorgängen zuzuordnen wären. Während anfangs über den möglichen Anteil von Infraschall am akustischen Gewitterspektrum stark divergierende Meßergebnisse zu verzeichnen waren, siehe z. B. *Few* (1969) und *Holmes* u. a. (1971), zeigen neuere Messungen mit Meßnetzen die nach der Wilson-Dessler-Theorie zu erwartenden dominanten Infraschallwellen von ca. 0,5–2 sec Periode und die theoretisch vorhergesagten steilen Einfallswinkel von meist $\leqq 20°$ (*Eruschenkov, Filippov* u. a., 1976; *Eruschenkov, Velichansky* u. a., 1976; *Bohannon* u. a., 1977; *Baluchandran* 1979, 1983).

Vom Wave Propagation Laboratory der NOAA, Boulder, wurde ein umfangreiches Experiment zur Prüfung der Frage durchgeführt, ob Registrierungen der Infraschallemissionen von konvektiven Stürmen in Entfernungen bis etwa 1000 km für ein Sturmwarnungssystem (z. B. von Tornados) genutzt werden können und eine Lokalisierung und Verfolgung der Stürme ermöglichen (*Georges* und *Greene*, 1975). Die Untersuchungen über die Fehlalarmraten, Detektionsraten, zur Rechtzeitigkeit und Genauigkeit der Ortungen führten zu der Aussage, daß ein Infraschall-Ortungssystem für Stürme im Prinzip möglich ist, die letztliche Entscheidung aber aus ökonomischen Erwägungen heraus getroffen werden muß. Infraschallwellen werden schon 1–2 Stunden vor der ersten Tornadobeobachtung

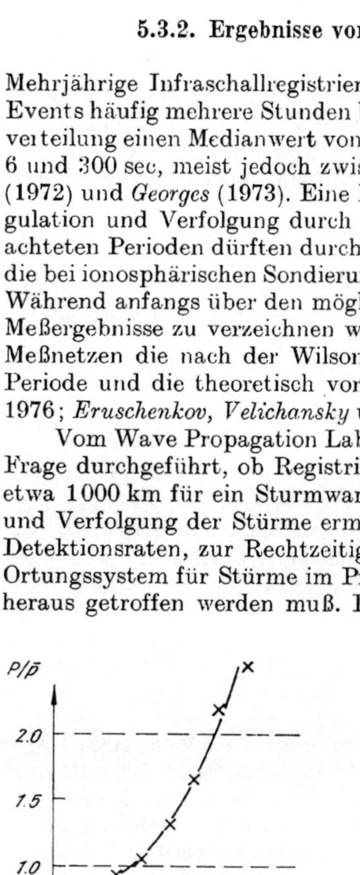

Abb. 6. Abhängigkeit der mittleren Infraschallamplituden von der Windgeschwindigkeit im 500 hPa-Niveau (*Nater* und *Richner*, 1977)
Fig. 6. Dependence of the mean infra-sonic amplitudes on the wind velocity at the 500 hPa level (*Nater* and *Richner*, 1977)

emittiert und registriert (*Georges* und *Greene* 1975; *Beasley* u. a. 1976). *Posmentier* (1974) untersuchte die Möglichkeit einer Anwendung von Infraschall-Messungen zur Sondierung und Ortung von CAT-Gebieten (clear air turbulence).

Infraschall ist praktisch immer mit unterschiedlichen Amplituden in einem größeren, Periodenbereich vorhanden, der kontinuierliche Anteil ist zum größeren Teil durch troposphärische Quellen bedingt. Infraschallwellen zeigen einen ausgeprägten Tagesgang mit einem Maximum am Nachmittag und einem Minimum während der 2. Nachthälfte bzw. am Vormittag. Erwartungsgemäß werden im Mittel größere Infraschall-Amplituden bei größeren Windgeschwindigkeiten gefunden; siehe Abb. 6 (*Nater* und *Richner* 1977).

5.3.3. Infraschall aus gebirgigen Regionen (mountain associated waves)

Seit den 60er Jahren wurden von Infraschall-Meßnetzen in Boulder, den Universitäten von Idaho, Washington und Alaska typische Infraschallwellen beobachtet, die wegen ihrer relativ konstanten Herkunftsrichtungen aus gebirgigen Gegenden „mountain associated waves" (MAW) genannt wurden, obwohl die Rolle des Gebirges unklar ist. Infraschall-Untersuchungen von globalem Maßstab zeigen, daß die MAW die häufigste Infraschall-Erscheinung für Frequenzen $< 0{,}1$ Hz darstellen, sie weisen eine Andauer bis zu wenigen Tagen auf, haben Amplituden von meist $< 0{,}1$ Pa, z. T. auch bis 1 Pa und Perioden von meist 10–100 sec, siehe *Larson* u. a. (1971), *Thomas* u. a. (1974) und *Bedard* (1978). Über den Quellmechanismus herrscht weiterhin Unklarheit, vorgeschlagen wurden verschiedene aerodynamische Prozesse der Infraschallemission, wie z. B. Turbulenz erzeugt durch schnelles Überströmen von rauhem Terrain, Brechen von Leewellen, intensive Scherung, Wechselwirkung von kräftigen Wellen mit kleinen Phasengeschwindigkeiten mit Terrainerhebungen und Umwandlung in Wellen mit hohen Ausbreitungsgeschwindigkeiten (*Chimonas,* 1977; *Bedard,* 1978).

5.4. Quellen in der oberen Atmosphäre

5.4.1. Vom Nordlicht emittierte Infraschallwellen

Über erste Beobachtungen von Druckwellen im Infraschallbereich bei hoher geomagnetischer Aktivität berichten schon *Chrzanowski* u. a. (1961). Regelmäßige Registrierungen von Infraschallwellen vom Nordlicht wurden 1965 in Alaska (*Wilson* 1969a, 1969b, 1974, 1975) und seit den 70er Jahren in Kiruna (*Westin* 1975, 1976), vom SibIZMIR Irkutsk (*Eruschenkow* u. a. 1974, *Eruschenkow* 1981) und in der Antarktis (*Suzuki* 1979, 1981; *Venkatachari* u. a., 1984) durchgeführt.

Vom Nordlicht abgestrahlte Infraschallwellen (auroral infrasonic waves, AIW) bestehen meist aus einem Wellenpaket von 3–5 min Dauer. Die mittlere Anzahl von AIW-Events liegt etwa zwischen 15 und 30 pro Monat. Vom Nordlicht emittierte Infraschallwellen weisen meist Amplituden von wenigen Zehntel Pa auf, die Perioden liegen meist zwischen 20 und 80 sec und die Spurgeschwindigkeiten verteilen sich über einen größeren Bereich zwischen 300 und 1500 m/s entsprechend den unterschiedlichen Einfallswinkeln. Als Erzeugungsmechanismus der Nordlicht-Infraschallwellen wird die Überschallströmung von Nordlicht-Elektrojets angesehen (*Wilson* 1972; *Swift* 1973).

5.4.2. Meteore

Meteore können Infraschallwellen beim Eindringen in die Hochatmosphäre und während ihres Fluges durch die Atmosphäre erzeugen durch Stoßwellen während der Überschall-Flugphase, durch Turbulenz infolge Meteor-Luft-Wechselwirkungen nach Erreichen der Unterschallgeschwindigkeit und durch explosionsartige Prozesse bei Annäherung an die Erde (*Donn* und *Baluchandran*, 1974; *Re Velle* 1976; *Golitsyn* u. a. 1977; *Bedard* und *Greene,* 1981). Beim Aufschlag eines Meteors werden ebenfalls Infraschallwellen emittiert.

5.5. Seegangerzeugte Infraschallwellen (microbaroms)

Schon um 1940 fanden *Benioff* und *Gutenberg* vom Seismologischen Laboratorium in Pasadena kleine Schwankungen des Luftdrucks, die in ihrer Charakteristik der vom Seegang erzeugten mikroseismischen Bodenunruhe sehr ähnlich waren und von ihnen in Analogie zu den microseisms microbaroms genannt wurden. Seit Mitte der 60er Jahre wurden vom Lamont-Doherty Geological Observatory in Palisades (N. Y., USA) kontinuierlich microbarom-Registrierungen vorgenommen (Meßnetz-Basis ≤ 1 km). Der überwiegende Teil der Untersuchungen über microbaroms ging seitdem von dieser Institution aus (siehe u.a. *Donn* und *Rind* (1971, 1972), *Rind* und *Donn* (1975, 1978), *Rind* (1978, 1980) und *Rind, Donn* und *Robinson* (1981). Microbarom-Untersuchungen wurden ebenfalls vom SibIZMIR Irkutsk (*Eruschenkow, Velichansky* u. a. 1976) und von der Universität Hamburg, *Linde* (1980), durchgeführt. Microbaroms zeigen einen fast sinusförmigen Verlauf, haben Perioden von etwa 4–8 sec und weisen Druckamplituden von meist 0,1 bis 0,5 Pa (z. T. auch darüber) auf. Sie können häufig und weltweit beobachtet werden und weisen Herkunftsrichtungen auf, die auf Quellgebiete mit großen Wellenhöhen auf dem Ozean hinweisen.

Die Erzeugung des Infraschalls wird durch Theorien von *Posmentier* (1967) und *Brekhovskikh* (1968) beschrieben. *Posmentier* geht von der Überlagerung von 2 Oberflächenwellen gleicher Periode T, gleicher Wellenlänge λ und

Amplitude a, jedoch mit entgegengesetzten Ausbreitungsrichtungen aus. Unter Annahme eines vereinfachten Atmosphärenmodells ergibt sich für den mit der Auslenkung der Meeresoberfläche verbundenen Stördruck $\bar{p}$:

$$\bar{p} = -2\varrho_0 a^2 \omega^2 \cos 2\omega t \tag{8}$$

Die Druck-Oszillationen weisen die doppelte Frequenz der Meereswellen auf.

Abb. 7 demonstriert die gute Übereinstimmung zwischen den spektralen Leistungsdichten des Infraschalls und der Meereswellen unter Beachtung der Frequenzverdopplung (*Linde*, 1980). *Brekhovskikh* (1966, 1968) entwickelte eine umfangreiche Theorie zur Emission von Schallwellen durch Meeres-Oberflächenwellen, zunächst für Unterwasser-Schallwellen (1966), die er 1968 auf die Emission von Infraschallwellen in der Atmosphäre erweiterte.

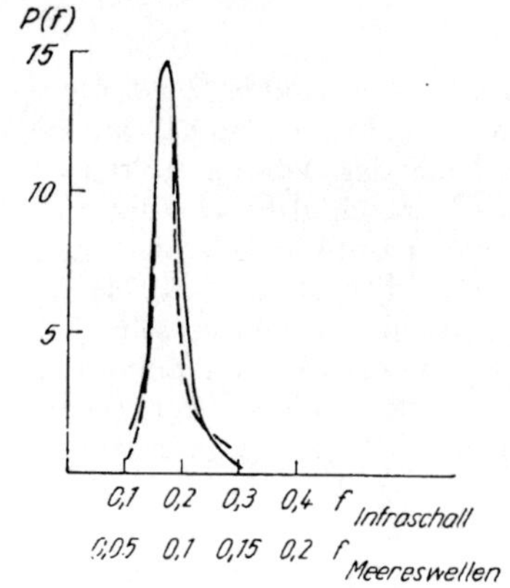

Abb. 7. Spektrale Leistungsdichten der Infraschallwellen und Meereswellen (*Linde*, 1980)
Fig. 7. Power spectral densities of infra-sonic waves and ocean waves (*Linde*, 1980)

5.6. Infraschall-Emissionen bei Erdbeben

Starke Erdbeben erzeugen seismische Wellen, bei deren Ausbreitung entlang der Erdoberfläche Infraschallwellen in die Atmosphäre abgestrahlt werden. So konnten Infraschall-Stationen seismisch angeregte Infraschallwellen von starken Beben registrieren, deren Epizentren Tausende km entfernt waren, wie z. B. im Fall des großen Alaska-Bebens im Jahre 1964 (*Donn* und *Posmentier*, 1964; *Young* und *Greene*, 1982) und des großen Erdbebens in Montana im August 1959 (*Cook*, 1971).

Vertikale Bodenbewegungen beim Durchlaufen einer Rayleigh-Welle verursachen eine Abstrahlung von Infraschallwellen; die Randbedingungen an der Grenzfläche Erde – Atmosphäre erfordern, daß die horizontalen Spurgeschwindigkeiten der Schallwellen V_t und der seismischen Wellen V_s gleich sind, d. h.

$$V_s = V_t = c/\sin \vartheta \tag{9}$$

Bei einem Verhältnis von seismischer Geschwindigkeit zu Schallgeschwindigkeit von $\geqq 10$ erfolgt eine Abstrahlung der Schallwelle mit einem Winkel zur Senkrechten von $\leqq 6°$. Weiterhin erfolgen Emissionen von epizentralen Infraschallwellen, die durch Schwingungen der Erdoberfläche im Gebiet des Epizentrums ausgelöst werden und sich dann durch die Atmosphäre mit der üblichen Schallgeschwindigkeit ausbreiten.

Von seismischen Wellen abgestrahlte Infraschallwellen weisen Perioden von 5–80 sec (meist 15–20 sec) mit Amplituden bis 1 Pa (in besonderen Fällen bis 4 Pa) auf: z. T. wurde auch eine langperiodische Lamb-Mode von 5–10 min Periode beobachtet. Es sei vermerkt, daß in umgekehrter Richtung auch Erdbewegungen durch lokale atmosphärische Druckvariationen ausgelöst werden (*Sorells* u. a., 1971).

Eine Untersuchung von *Han Yuan-Jie* (1980) ergab, daß Infraschallwellen als Vorläufer von Beben schon 1–16 Stunden *vor* Ausbruch des Bebens beobachtet werden konnten. Nach dem 1976-Beben von Tangshan konnten in 19 Fällen bei Nachbeben Infraschallwellen mit 40–80 sec Periode, 0,1–0,5 Pa Amplitude und Andauern von einigen Minuten in Peking beobachtet werden.

5.7. Vulkanausbrüche

Die Vulkanaktivität ist üblicherweise mit akustischen Emissionen verbunden, die durch explosionsartigen Massenfluß gekennzeichnet sind (effektivste Form der akustischen Emission), durch Wechselwirkung des Gases mit der festen Umgebung des röhrenförmigen Schlots und durch Turbulenz des Gases innerhalb der Gasströmung selbst, siehe *Woulff* und *McGetchin* (1977). Erste Anregungen zur Nutzung von Mikrobarographen-Registrierungen zur Abschätzung der abgestrahlten Energien gingen von *Gorshkov* (1960) aus, der Energieabschätzungen für frühere Vulkanausbrüche (z. B. Krakatau 1883) vornahm. Infraschallwellen wurden bei der Explosion des Mount Agung auf Bali 1963 in Boulder über Entfernungen von etwa 15000 km beobachtet mit Amplituden $\leqq 1$ Pa, (*Goerke* u. a., 1965); *Wilson* und *Forbes* (1969) berichten über eine Triangulation von 2 Vulkanausbrüchen in Alaska, *Tahira* (1982) über einen Vulkanausbruch in Japan.

Als Methode mit fundamentaler Bedeutung für Energieabschätzungen von Vulkanen und deren Monitoring erweist sich die Auswertung von kontinuierlich laufenden Infraschallregistrierungen mit Meßnetzen, da diese Fernfeldmethode als einzige Methode keinerlei Nahfelddaten erfordert. So konnten von *Mauk* (1983) die Energiefreisetzungen bei einer Folge von 5 Ausbrüchen des El Chichon-Vulkans in Mexiko mit Beträgen von rund 0,1 bis 2,6 Mto TNT Äquivalent (1 Mto TNT entspricht $4{,}22 \cdot 10^{15}$ J) mit einem Meßnetz in Texas in 1800 km Entfernung bestimmt werden. Unter der Annahme einer annähernden Ähnlichkeit im Quellverhalten von Vulkanexplosionen und Kernexplosionen werden die Energiefreisetzungen nach der Beziehung (10) (im Abschnitt 6.6 Kernexplosionen) bestimmt. *Donn* und *Balachandran* (1981) ermittelten für die Explosion des Mount St. Helens-Vulkans eine freigesetzte Energie von 35 Mto TNT, *Liu Wen-yi* (1985) 30,6 MT, während *Reed* (1987) einige MT angibt.

Nach der Mount St. Helens-Explosion konnten weltweit Infraschall- und Schwerewellen in allen Atmosphärenschichten beobachtet werden, siehe z. B. *Liu* u. a. (1982), *Mikumo* und *Bolt* (1985).

5.8. Weitere Infraschall-Emitter

Neben den genannten Infraschallquellen kommen eine Reihe von weiteren Prozessen als Erzeugungsmechanismen in Frage, wie z. B. kosmischer Infraschall (*Gotschelaschwili* u. a., 1982), Meeresbrandung, Meeresbeben (*Tsunami*), Wasserfälle, Geysire, Gletscher, Erdrutsche, Lawinen und Brände (*Gostinzev* u. a., 1983).

6. Technische Infraschallquellen

6.1. Übersicht

Als technische Infraschallquellen kommen vor allem Bauwerke, Maschinen, Fahrzeuge, schnelle Strömungen in Flüssigkeiten und Gasen, Flugzeuge, Raketen und Explosionen in Frage. In vielen Fällen wird die vorhandene Infraschall-Emission zur Ortung und wenn möglich zur Bestimmung von Parametern der emittierenden Quelle genutzt. Technische Infraschallquellen weisen meist dominierende Perioden von < 1 sec auf, im Gegensatz zu den natürlichen Quellen. Im Frequenzbereich oberhalb 1 Hz sind industrielle Infraschallquellen wesentlich am Gesamtpegel beteiligt wie Analysen von Infraschall-Registrierungen bei 2 Hz in Kiruna ausweisen (*Liszka*, 1974).

6.2. Bauwerke, Maschinen und Fahrzeuge

Beobachtungen über Infraschallphänomene in Hochhäusern bei stürmischem Wetter konnten durch Messungen von Schallspektren mit Maxima > 100 dB (> 2 Pa) bei wenigen Hertz bekräftigt werden (*Brüel* und *Olesen*, 1973). Für Infraschall-Emissionen von schwingenden Brücken wurden Amplituden um 100 dB bei diskreten Frequenzen von einigen Hertz entsprechend der Brückenkonstruktion gemessen, siehe z. B. *Imaichi* u. a. (1982) und *Donn* u. a. (1974).

Bewegte Teile von Maschinen mit größeren Massen strahlen entsprechend dem Rhythmus ihrer bewegten Teile Infraschall ab, z. B. große Dieselmotoren, Pumpen, Ventilatoren, Kompressoren, Drehgestelle von Eisenbahnwagen u. ä., Abb. 8 zeigt als Demonstrationsbeispiel die Infraschallpegel des Dieselmotors einer kleinen Autofähre von 400 to mit einem Maximum bei 13 Hz und von einer großen Eisenbahnfähre von 3000 to mit einem Maximum bei etwa 7 Hz entsprechend der Zündfrequenz der Dieselaggregate (*Hood* und *Leventhall*, 1971). Nach *Ising* und *Schwarze* (1982) entfallen im fahrenden PKW mehr als 95 % der Schallenergie auf das Infraschallgebiet.

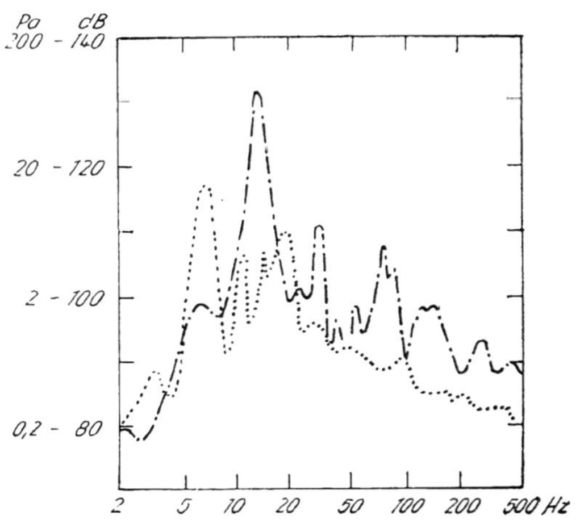

Abb. 8. Beispiele von gemessenen Infraschallspektren: im Maschinenraum einer Autofähre von 400 to —.—.—.
im Maschinenraum einer Eisenbahnfähre von 8000 to ....
Fig. 8. Examples of measured infra-sound-spectra: noise in the engine room of small car ferry of 400 tons: —.—.—.
noise in engine room of rail car ferry of 8000 tons: ....

6.3. Strömungen von Flüssigkeiten und Gasen

Auf die Bedeutung von oszillierenden Wassermassen bei Wasserkraftwerken als Infraschallquelle weist *Liszka* (1974, 1977) hin. Unter bestimmten Strömungsbedingungen entstehen Oszillationen der Wasserströmung mit einer Oberflächenwelle im Staubecken und einer resultierenden Infraschall-Abstrahlung in die Atmosphäre. Ein Wasserkraftwerk mit >100 MW elektrischer Leistung strahlt stark vertikal gerichtet 1–10 MW akustische Leistung mit typischen Frequenzen von 0,1–2 Hz ab.

Mit Hilfe der schwedischen Stationskette von Infraschall-Meßnetzen konnte *Liszka* (1974) Infraschall-Wellen orten, die von ausströmenden Gasen oder strömenden Dampf unter hohem Druck emittiert wurden. In Schweden wurde als Quelle für kurzzeitige, aber intensive Infraschallemission die Zellulose-Industrie ermittelt. Wirksame Infraschall-Quellen wurden im Gebiet der Erdölbohrungen in der Nordsee geortet, bei dem häufig durch ausströmendes Erdgas Infraschallwellen entstehen.

6.4. Flugzeuge

Messungen des Schalls von startenden Düsenmaschinen unterhalb einer Einflugschneise, etwa 3 km von der Startbahn entfernt, wurden von *Fasbender* (1980) durchgeführt. Die mittleren Infraschallpegel liegen zwischen 90 und 100 dB (vereinzelt darüber), die Hörschallpegel liegen zwischen 90 und 105 dB (A), siehe Abb. 9. Es läßt sich die Tendenz ablesen, daß moderne Großraumflugzeuge (Airbus, L 101 Tristar) aufgrund von Triebwerksverbesserungen im Hörschallbereich wesentlich leiser sind als kleinere, ältere Flugzeugtypen, wogegen im Infraschallbereich die großen Flugzeuge auch den höheren Pegel erzeugen. Messungen der Spektren von Schallabstrahlungen von Hubschraubern ergaben Maxima von rund 120 dB im oberen Infraschall- bzw. im unteren Hörschallbereich entsprechend den Rotationsfrequenzen der Blätter (*Hood* und *Leventhall*, 1971).

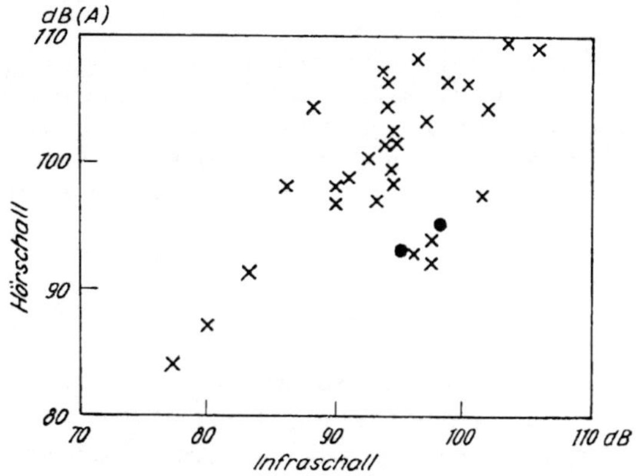

Abb. 9. Infraschall- und Hörschall-Pegel für verschiedene Typen von startenden Düsen-Verkehrsmaschinen (x), für Airbus und L 101 TriStar (·)
Fig. 9. Infra-sonic and audible sound-level during take-off for different types of jet planes (x) and for Airbus and L 101 TriStar (·)

Mit der Aufnahme regelmäßiger Concorde-Flüge Europa–Nordamerika im Jahre 1976 bot sich eine räumlich und zeitlich genau bekannte Infraschall-Quelle an, die mit ihrem Überschallknall (sonic boom) Registrierungen durch Meßnetze in Schweden und an der amerikanischen Ostküste bis zu Entfernungen von 5000 km in günstigen Fällen (bei Fokussierung!) ermöglicht, siehe *Balachandran* u. a. (1977), *Liszka* (1978, 1981), *Donn* und *Rind* (1979) und *Weber* und *Donn* (1982). Im Gegensatz zu einer explosiven Quelle ist die Stoßwelle eines Überschallflugzeuges eng begrenzt in ihren ursprünglichen Richtungen der Phasenausbreitung, die senkrecht zum Mach-Kegel liegen. Bei Abweichungen von einem geradlinigen Flug mit konstanter Geschwindigkeit kommt es zu Fokussierungseffekten und dadurch zu Überschallknallen höherer Ordnung, sogenannten Superknallen. Die Flugbahn der Concorde auf einem Großkreis produziert eine Fokussierung in Nordschweden und im Gebiet der großen Seen.

Die Druckänderungen, die in Abständen von 50–100 Flugzeuglängen die typische N-Welle aufweisen, werden bei der Ausbreitung deformiert und reflektiert und sind in Entfernungen >100 km durch ein breiteres Frequenzband gekennzeichnet. Registrierungen in der Testphase der Concorde in Großbritannien zeigten in ca. 300 km Entfernung von der Flugroute Amplituden zwischen 0,4 und 0,8 Pa mit dominanten Perioden von 0,3 bis 0,5 Hz (*Grover*, 1973). *Liszka* (1978) berichtet über Messungen über große Entfernungen (wenige 1000 km) mit dominanten Frequenzen von 1–3 Hz und typischen Amplituden von 0,05 Pa; nahe den Fokussierungsgebieten wurden auch häufig 0,1 Pa überschritten.

6.5. Raketen

Über Untersuchungen von Infraschallwellen von Scout-, Atlas-Agena und Saturn-Raketen, sowie vom Space-Shuttle berichten u. a. *Fehr* (1967), *Donn*, u. a. (1968), *Kaschak* u. a. (1970), *Balachandran* und *Donn* (1971), *Donn* u. a. (1975) und *Tahira* und *Donn* (1983) über einen Salut-Start *Eruschenkov* u. a. (1976). Als Infraschallquelle kommen das Raketentriebwerk und der Kegel der Stoßwelle bei Überschallflug in Frage; über größere Entfernungen registrierte Infraschallwellen wurden im wesentlichen durch den Machkegel verursacht.

Die Intensität der Infraschallwellen in größeren Entfernungen hängt ab von der Größe der Rakete, der Flugbahn relativ zum Meßnetz und der Temperatur-Wind-Struktur entlang des Ausbreitungsweges.

Von den Meßnetzen im nordöstlichen Küstenbereich der USA wurden meist 2 getrennte Wellengruppen aus der Richtung der abstürzenden, ausgebrannten und abgetrennten ersten Raketenstufe und aus dem Startgebiet beobachtet, siehe Abb. 10. Die Erzeugung der Signale wird aerodynamisch durch den Überschallflug der Rakete bzw.

Raketenstufe im aufsteigenden und absteigenden Teil erklärt. Die Frequenzen liegen für Raketen mit Flüssigkeitsantrieb zwischen 0,1 und 2 Hz, für Raketen mit Feststoffantrieb etwas höher, als Amplituden werden in 1500 km Entfernung meist Werte zwischen 0,05 und 2 Pa gemessen.

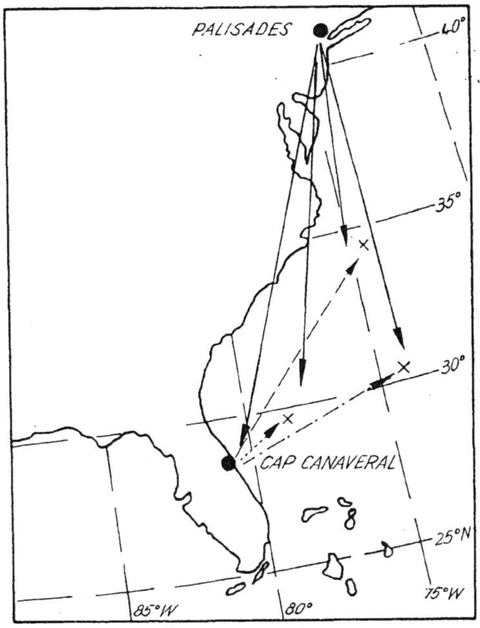

Abb. 10. Infraschallwellen aus der Richtung der abstürzenden, abgetrennten ersten Raketenstufe und aus dem Startgebiet für verschiedene Raketenstarts (Saturn V, Skylab, Space Shuttle) nach *Balachandran* u. a. (1971) und *Tahira* und *Donn* (1983)

Fig. 10. Map showing infra-sonic signal arrivals from directions of the site of reentry of the first-stage booster and from the launch site for different rocket launches (Saturn V, Skylab, Space Shuttle) after *Balachandran* et al. (1971) and *Tahira* and *Donn* (1983)

6.6. Kernexplosionen und Explosionen von chemischen Sprengstoffen

Während der Kernwaffentests in der Atmosphäre wurden zahlreiche theoretische und praktische Untersuchungen über die von Kernexplosionen abgestrahlten Wellen und ihre weltweite Ausbreitung ausgelöst, siehe z. B. *Pfeffer* und *Zarichny* (1963), *Harkrider* (1964), *Wickersham* (1966), *Row* (1967), *Donn* und *Shaw* (1967), *Meecham* (1968), *Varghese* und *Kumar* (1970), *Pierce* (1967), *Pierce* und *Posey* (1971) und *Pierce* u. a. (1971). Kernexplosionen stellen eine extrem starke Quelle dar; die nach allen Seiten abgestrahlten Stoßwellen weisen bei Registrierungen in Tausenden km Entfernung ein breites Spektrum von Infraschall- und Schwerewellen mit z. T. beachtlichen Amplituden auf. Messungen von zahlreichen Testexplosionen zeigen in Entfernungen von über 5000 km Amplituden von meist über 5 Pa, in Extremfällen über 100 Pa.

Mit Hilfe von Infraschall-Registrierungen können Abschätzungen der Sprengkraft vorgenommen werden, nach *Posey* und *Pierce* (1971) gilt:

$$E \approx 13\, P \left[R \sin\left(\frac{\Delta}{R}\right)\right]^{1/2} H(cT)^{3/2} \tag{10}$$

wobei: E – Energie
P – Amplitude (Max. bis Min. der ersten Welle)
R – Erdradius
Δ – Großkreis – Entfernung
H – atmosphärische Skalenhöhe
c – beobachtete Wellengeschwindigkeit
T – Periode der ersten beobachteten Welle

Über Versuche zur Ortung von unterirdischen Kernexplosionen berichtete *Liszka.* (1972) Von Kernexplosionen in niederen Höhen bzw. von unterirdischen Explosionen abgestrahlte Infraschallwellen und ihre Auswirkungen in der Ionosphäre wurden mit Hilfe von HF-Doppler-Messungen untersucht (*Broche*, 1977; *Blanc*, 1982; *Blanc*, 1987).

In den 60er Jahren wurden mehrere Experimente mit Infraschall-Abstrahlungen von Explosionen mit chemischen Sprengstoffen mit einigen to bis zu mehreren 100 to TNT Sprengkraft in verschiedenen Höhen durchgeführt und die Ausbreitungsbedingungen über Entfernungen bis etwa 300 km beobachtet, siehe z. B. *Diamond* und *Lee* (1965), *Bhartendu* und *McCrory* (1966) und *Fehr* und *McGahan* (1969). Von verschiedenen Instituten der Sowjetunion wurde ein komplexes Experiment MASSA (magnetosphärisch-atmosphärische Zusammenhänge bei seismisch-akustischen Druckveränderungen) durchgeführt, siehe *Alperowitsch* u. a. (1983) und *Busch* u. a. (1984). Eine Explosion von 288 to TNT wurde am 28. 11. 1981 im Gebiet von Alma-Ata ausgelöst und in einer Entfernung von 200 km vom Epizentrum 2 akustische Signale mit maximalen Ampliduten von 2,4 bzw. 1,5 Pa und Perioden von 4 bzw. 15 sec nach Reflexion in 40 bzw. 100 km Höhe beobachtet und in 45 und 75 km Entfernung unüblich hohe Amplituden registriert, die durch einen Duct in der unteren Troposphäre infolge einer sehr kräftigen Temperaturinversion möglich wurden.

6.7. Infraschall-Generatoren

Zur Durchführung von Experimenten mit Infraschall wurden meist Systeme für den unteren Hörschallbereich modifiziert. Verwendet oder untersucht wurden z. B. Kombinationen von Tieftonlautsprechern (*Ising* und *Schwarze*, 1982), eine durch einen Vibrator angeregte Leichtbauwand (*Bruel* und *Olesen*, 1973), entsprechend vergrößerte Orgelpfeifen, Trillerpfeifen u. a. (*Gavreau* u. a., 1966) und Trichterstrahler mit Druckkammer (*Fritsch*, 1982). Zur Untersuchung der Windprofile der mittleren Atmosphäre wird vom Geophysikalischen Institut Kiruna der Bau eines Infraschall-Strahler-Netzes aus 100 Infraschall-Strahlern mit einer angestrebten Leistung von 10 kW vorgesehen (*Liszka*, 1981).

7. Infraschall in der Hochatmosphäre

Ein großer Teil der Infraschallquellen (Gewitter, Erdbeben, Vulkane, Kernexplosionen, Meereswellen) wurde mit hochatmosphärischen Variationen in Verbindung gebracht (*Blanc* 1985). Die Wirkung der Infraschallwellen besteht sowohl in einer stärkeren turbulenten Durchmischung und Erhöhung des Rekombinationskoeffizienten (*Vasseur, Reddy, Testud* 1972) als auch in periodischen Variationen von Schichtparametern. In einer Vielzahl von Arbeiten wurden Infraschallauswirkungen in HF-Dopplermessungen (z. B. *Blanc* 1982, *Wolcott* u. a., 1984), Faraday-Rotationsmessungen (z. B. *Rao, Lyon, Klobuchar*, 1969). Messungen von partiellen Reflexionen (z. B. *Schlegel, Thrane, Brekke* 1980), F_2-Schicht-Ionogramme (z. B. *Bowman, Shresta* 1960) oder mit einem Inkohärent Scatter Radar (*Kelley* 1985) untersucht.

Daneben wird die Analyse der Wellenparameter und der spektralen Charakteristika von Infraschallerscheinungen in der unteren Atmosphäre nicht nur zur Ortung und Verfolgung von Emisionsgebieten benutzt, sondern es erfolgt anhand dieser Informationen insbesondere die Ermittlung und Überwachung der die Ausbreitung bestimmenden hochatmosphärischen Temperatur- und Windstrukturen, wie z. B. die Untersuchung von sogen. Stratwarm-Events (*Meecham* 1968; *Rind, Donn* 1978; *Rind* 1978; *Donn, Rind* 1979). Die Bedeutung der Untersuchungen liegt vor allem in der Möglichkeit die meist raumzeitlich sehr heterogenen direkten Messungen zu ergänzen und eine kontinuierliche Überwachung zu realisieren.

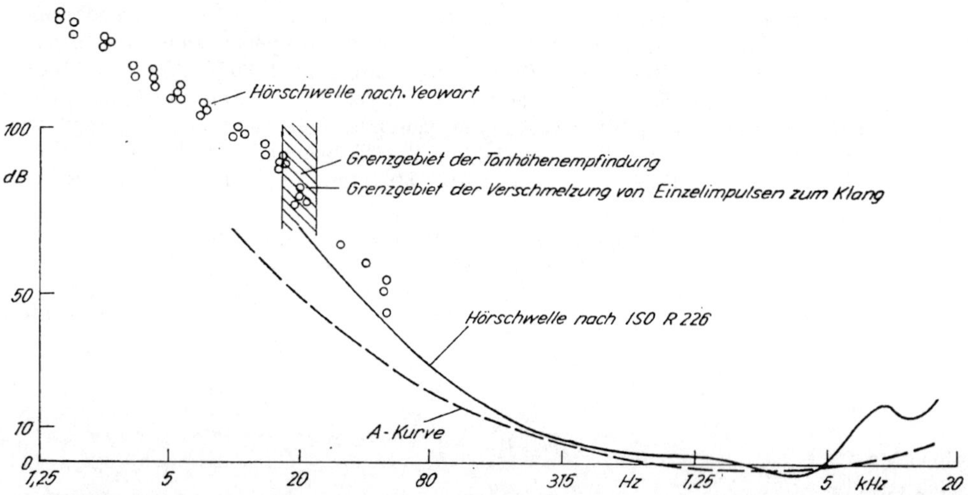

Abb. 11. Frequenzabhängigkeit der menschlichen Hörschwelle im Infraschallgebiet nach *Yeowart* (aus *Ising* und *Schwarze*, 1982)
Fig. 11. Frequency dependence of hearing thresholds for infra-sonic frequencies as determined by *Yeowart* (*Ising* and *Schwarze*, 1982)

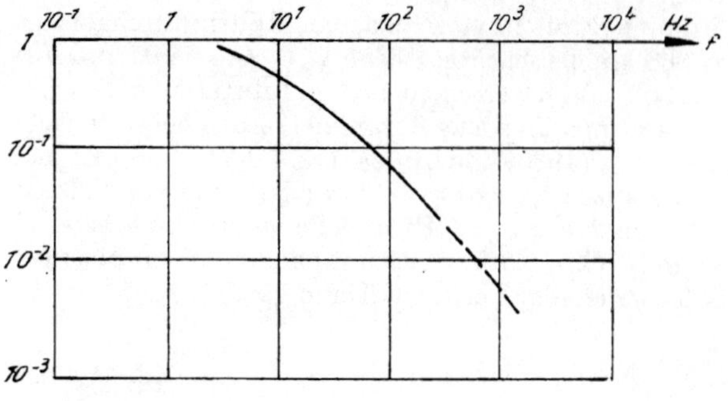

Abb. 12. Frequenzabhängigkeit der Dämpfung der relativen Amplitude beim Eindringen in ein Gebäude
Fig. 12. Dependence of the attenuation on the frequency of oscillation for air pressure amplitudes penetrating the walls of buildings

8. Einwirkung von Infraschall auf den Menschen

Zunächst sei darauf hingewiesen, daß die übliche Auffassung, daß Infraschall unhörbar ist, falsch ist; es gibt keine Hörbarkeitsgrenze bei 15–20 Hz, es nimmt lediglich die Ohrempfindlichkeit mit sinkender Frequenz sehr rasch ab. Diesbezügliche Messungen, vor allem von *Yeowart* u. a. (1967, 1974) bis herab zu Frequenzen von 1,5 Hz zeigen, daß Infraschall bei entsprechend hohen Pegeln noch hörbar ist, allerdings verschwindet die Tonhöhenempfindung unterhalb etwa 20 Hz. Abb. 11 zeigt die menschliche Hörschwelle im Infraschallbereich bis herab zu 1,5 Hz. Eine weitere Besonderheit ist die Fähigkeit des Infraschalls, mit sehr geringer Dämpfung in Gebäude u. ä. einzudringen. Die Abb. 12 zeigt die von *Courvoisier* (1951) errechnete Frequenz-Abhängigkeit der Schwächung der relativen Amplituden beim Eindringen in ein Gebäude.

Über die Infraschallwirkung auf den Menschen werden auch in Fachzeitschriften extrem unterschiedliche Meinungen vertreten, die Palette reicht von völlig unschädlich bis zu lebensgefährlich. Auf die unterschiedlichen und stark divergierenden Ergebnisse von verschiedenen Untersuchungen wird in Veröffentlichungen von *Utke* (1969), *Stephens* (1969), in einem von *Tempest* (1977) herausgegebenen Sammelband über Infraschall und tieffrequente Vibrationen, von *Broner* (1978) und *Fritsch* (1982) hingewiesen.

In mehreren Ländern wurden inzwischen gezielte Untersuchungen vorgenommen, denen z. T. aussagefähigere Experimente zugrunde liegen. So kommen z. B. *Ising* u. a. (1982a, 1982b) als Ergebnis eines 3jährigen Experiments mit Expositionen von Minuten bis zu einer Woche mit 8 Stunden täglich mit Infraschallpegeln von 70–125 dB bei Frequenzen zwischen 3 und 24 Hz zu der Aussage, daß kein direktes Gesundheitsrisiko auftritt, solange die Hörschwelle nicht überschritten wird, auch *Moller* (1984) und *Landstrom* und *Bystrom* (1984) gelangen zu der Aussage, daß unterhalb der Hörschwelle keine physiologischen Wirkungen beobachtet werden. Es wurden jedoch pegelabhängige Belastungserscheinungen gefunden, z. B. daß Infraschall die Konzentrationsfähigkeit am stärksten beeinflußt, an zweiter Stelle folgen gleichwertig Belästigung und Erschöpfung durch Infraschall. Infraschall wirkt ebenso wie Lärm im Hörfrequenzbereich als Stressor und sollte deshalb am Arbeitsplatz untersucht – und soweit erforderlich und möglich – reduziert werden, das gilt besonders für das Transportwesen und für große Lüftungsanlagen. Über Langzeitwirkungen von Infraschall liegen jedoch keine Erfahrungen und Aussagen vor. Zusammenstellungen von möglichen kritischen Belastungsgrenzen sind in Veröffentlichungen von *Broner* (1978) und von *Fritsch* (1982) enthalten.

9. Zielstellungen von Infraschall-Untersuchungen

Die zahlreichen Infraschalluntersuchungen können verschiedenen Zielstellungen zugeordnet werden, z. B. Ortung von meteorologischen oder technischen Quellen, Diagnostik von Quellen und der atmosphärischen Struktur u. a., siehe Abb. 13.

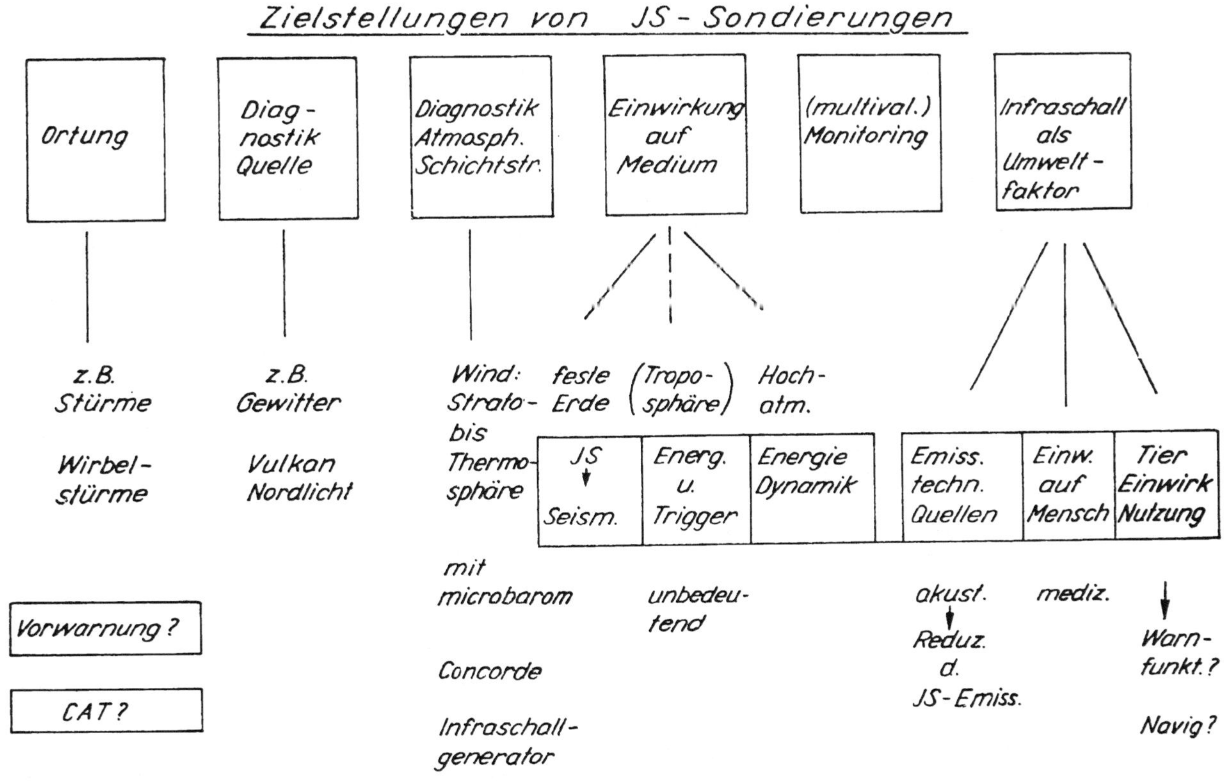

Abb. 13. Zielstellungen und mögliche Nutzungen von Infraschall-Sondierungen
Fig. 13. Aims and potential applications of infra-sound sensing

Von einigen Umweltspektren abgesehen (Infraschallmessungen im Nahbereich von bekannten technischen oder potentiellen technischen Quellen), stellen Infraschalluntersuchungen meist eine Fernfeldproblematik dar. Das folgt vor allem aus 2 Gründen:

a) Nach der unmittelbaren Nahzone folgt in den meisten Fällen eine „Zone der Unhörbarkeit" je nach Temperatur- und Windstruktur, in der kein Infraschallsignal gemessen werden kann. Erst in Entfernungen, in denen die ersten reflektierten Signale empfangen werden können, ist ein kontinuierliches stabiles Infraschallsignal zu registrieren.

b) Die Besonderheit des Infraschalls besteht ja gerade darin, daß vom gesamten akustischen Emissionsspektrum in größeren Entfernungen nur noch der Infraschallbereich als Informationsträger erhalten bleibt. Infraschallregistrierungen bilden vielfach eine ergänzende Methode oder sie werden zur Lösung von Teilproblemen im Rahmen von komplexen Programmen herangezogen. Erinnert sei nur an synchrone Untersuchungen mit Hilfe von seismischen und Infraschallverfahren von Kernexplosionen.

Literatur

Alperowitsch, L. C., B. O. Wugmeister, M. B. Gochberg u. a.: Über den Versuch der Modellierung von magnetosphärisch-ionosphärischen Effekten bei seismischen Erscheinungen (in russisch). Dokl. AN SSSR, 269 (1983), 573–578

Balachandran, N. K.: Infrasonic signals from thunder. J. Geophys. Res., 84 (1979), 1735–1745

Balachandran, N. K.: Acoustic and Electric Signals From Lightning. J. Geophys. Res., 88 (1983), 3879–3884

Balachandran, N, K., W. L. Donn: Characteristics of Infrasonic Signals from Rockets, Geoph. J. R. Astr. Soc. **26** (1971), 135––148

Balachandran, N. K., W. L. Donn, G. Kaschak: On the propagation of infrasound from rockets: Effects of winds, J. Acoust. Soc. Am., **50** (1971), 397–404

Barry, G.: Ray Tracings of Acoustic Waves in the Upper Atmosphere. J. atmos. terr. Phys., **25** (1963), 621–629

Beasley, W. H., T. M. Georges, M. W. Evans: Infrasound from convective storms: an experimental test of electrical source mechanisms, J. Geophys. Res., **81** (1976), 3133–3140

Bedard, A. J.: Infrasound originating near mountainous regions in Colorado, J. Appl. Meteor, **17** (1978), 1014–1022

Bedard, A. J., G. E. Greene: Case study using arrays of infrasonic microphones to detect and locate meteors and meteorites. J. Acoust. Soc. Am. **69** (1981), 1277–1279

Bhartendu, R. McCrory: Atmospheric pressure wave from an explosion. Nature **211** (1966), 396–397

Blanc, E.: Neutral Temperature and Electron-Density Measurements in the Lower E Region by Vertical HF Sounding in the Presence of an Acoustic Wave. Geophys. Res. Let. **9** (1982), 450–453

Blanc, E.: Oberservations in the upper atmosphere of infrasonic waves from natural or artificial sources: A summary. Annales Geophysicae, **3** (1985), 673–688.

Blanc, E.: Vertical structure of ionization irregularities observed by HF vertical sounding in the lower E region in the presence of an accoustic wave. Radio Science 22 (1987), 425–432.

Bohannon, J. L., A. A. Few, A. J. Dessler: Detection of Infrasonic Pulses from Thunderclouds. Geoph. Res. Let **4** (1977), 49–52

Bowman, H. S., A. J. Bedard: Observations of infrasound and subsonic disturbances related to severe weather. Geoph. J. R. astr. Soc. **26**, (1971), 215–242

Bowman, K. L., Shresta: Ionospheric storms and small pressure fluctuations at ground level. Nature **210** (1966), 1032

Brekhovskikh, L. M.: Unterwasserschallwellen, die von Meeresoberflächenwellen erzeugt werden (in russ.). FAO **2** (1966), 582–587

Brekhovskikh, L. M.: Über die Abstrahlung von Infraschall in die Atmosphäre durch Ozeanwellen (in russ.), FAO, **4** (1968), 250–253

Broche, P.: Propagation des ondes accustico gravitationelles excitées par des explosions. Ann. Geoph., **33** (1977), 281–288

Broner, N.: The effects of low frequency noise on people — a review. J. Sound. Vibr. **58** (1978), 483–500

Bruel, P. V., H. P. Olesen: Infraschallmessungen, Brüel u. Kjaer, Technical Review, **3** (1973), 13–23

Bull, G., D. Brodhun, J. Neisser, W. Willimczik: Über den Aufbau eines Schwerewellen- und Infraschall-Meßnetzes. Z. Meteorol. **24** (1974), 313–319

Bull, G., H. Goering, J. Neisser: Entstehung, Ausbreitung, Messung und Interpretation von atmosphärischem Infraschall. Heinrich-Hertz-Institut, interner Report (1984), 140 Seiten

Burridge, R.: The Acoustics cf Pipe Arrays. Geophys, J. R. astr. Soc. **26** (1971), 53–69

Busch. G. A., A. J. Gratschew, C. I. Kulitschkow u. a.: Über die Fernausbreitung des Infraschalls in der Atmosphäre nahe der Erdoberfläche (in russ.). Isw. AN SSSR, FAO **20** (1984), 309–311

Chimonas, G.: A Possible Source Mechanism for Mountain-Associated Infrasound. J. Atm. Sci., **34** (1977), 806–811

Chimonas, G., W. R. Peltier: On Severe Storm Acoustic Signals Observed at Ionospheric Heights. J. atmos. terr. Phys., **36** (1974), 821–828

Chrzanowski, P., G. Green, K. T. Lemmon, J. M. Young: Travelling pressure waves associated with geomagnetic activity, J. Geophys. Res., **66** (1961), 3727

CIRA 1972, Akademie-Verlag Berlin 1972, 450 S.

Colgate, S. A., C. McKee: Electrostatic sound in clouds and lightning. J. Geophys. Res., **74** (1969) No. 23, 5379–5389

Cook, R. K.: Strange Sounds in the Atmosphere — Part I. Sound (1962), 12–16

Cook, R. K.: Infrasound Radiated During the Montana Earthquake of 1959 August 18. Geoph. J. R. astr. Soc. **26** (1971), 191–198

Courvoisier, P.: Über das Eindringen von Schwankungen der meteorologischen Elemente in Gebäude. Arch. f. Meteor., Geophys. u. Bioklim. Serie B, Bd. II (1951), 161–173

Daniels, F. B.: Noise-reducing line microphone for frequencies below 1 cps. J. Acoust. Soc. Am. **31** (1959), 529–531

Dessler, A. J.: Infrasonic Thunder, J. Geophys. Res., **78** (1973), 1889–1896

Diamond, M., R. P. Lee: Long-range atmospheric sound propagation. J. Geophys. Res. **70** (1965), 5499–5503

Donn, W., N. K. Balachandran: Meteors and Meteorites detected by Infrasound. Science **185** (1974), 707–709

Donn, W. L., N. K. Balachandran, Mount St. Helens eruption of 18 May 1980: Air waves and explosive yield. Science **213** (1981). 539–541

Donn, W. L., N. K. Balachandran, G. Kaschak: Atmospheric infrasound radiated by bridges. J. Acoust. Soc. Am **56** (1974), 1367–1370

Donn, W. L., N. K. Balachandran, D. Rind: Tidal wind control of longrange rocket infrasound. J. Geophys. Res. **80** (1975), 1662–1664

Donn, W. L., E. S. Posmentier: Ground-coupled air waves from the Great Alaskan Earthquake. J. Geophys. Res. **69** (1964), 5357–5361

Donn. W. K., E. Posmentier, U. Fehr, N. K. Balachandran: Infrasound at long range from Saturn V, 1967. Science **162** (1968), 1116–1162

Donn. W. L., D. Rind: Natural Infrasound as an Atmospheric Probe. Geoph. J. R. astr. Soc. **26** (1971), 111–123

Donn, W. L., D. Rind: Microbaroms and the temperature and wind of the upper atmosphere .J. Atm. Sc. **29** (1972), 156–172

Donn, W. L., D. Rind: Monitoring Stratospheric Winds with Concorde-Generated Infrasound, J. Appl. Meteor **18** (1979), 945–952

Donn, W. L., D. M. Shaw: Exploring the atmosphere with nuclear explosions. Rev. Geophys. **5** (1967), 53–82

Eruschenkov, A.: Einige Eigenschaften von auroralen Infraschallwellen (in russ.). Is. Geomagn., Aeron., S., **57** (1981), 38–52

Eruschenkov, A. I., E. A. Ponomarjev, I. P. Turchaninov: Ein Gerät zur Registrierung von atmosphärischen Infraschall- und Schwerewellen (in russ.). Is. Geomagn., Aeron., Fiz. S., **34** (1974), 50–57

Eruschenkov, A. I., E. A. Ponomarev, I. P. Turchaninov: Atmosphärische Mikropulsationen des Drucks im Infraschallbereich in der Aurora- und Subaurorazone (in russ.). Isv. SibIZMIR, **30** (1974), 186–193

Eruschenkov, A. L., A. Ch. Filippov, V. L. Makuhin: Infrasonic waves from lightning discharge (in russ.). Akademija Nauk SSSR, Vypusk **38**, (1976), 73–80

Eruschenkov, A. I., V. I. Velichansky, E. A. Ponomarev, N. N. Klimov: Einige Typen von Infraschall. Is. Geomagn. Aeron., Fiz. S., **39** (1976), 176–179

Fasbender, J.: Versuche zur Richtungsortung von bewegten Infraschallquellen – Messungen an Düsenflugzeugen. Acustica **45** (1980), 169–174

Fehr, U.: Measurements of infrasound from artificial and natural sources. J. Geophys. Res. **72** (1967), 2403–2417

Fehr, U., L. C. McGahan: Energy Propagation in the lower ionosphere and atmosphere produced by artificial disturbances. J. Geophys. Res. **74** (1969), 868–875

Few, A. A.: Power Spectrum of Thunder, J. Geophys. Res. **74** (1969), 6926–6934

Few, A. A.: The Production of lightning-associated infrasonic accoustic sources in thunderclouds. J. Geophys. Res. **90** (1985), D4, 6175–6180.

Fritsch, F.: Infraschall. Phys. in uns. Zeit **13** (1982), 104–110

Gavreau, V. u. a.: Infra-Sons: Generateurs, Detecteurs, Proprietes physiques, Effects biologiques. Acustica **17** (1966), 1–10

Gavreau, V.: Infrasound. Science Jour. (1968), 33–37

Georges, T. M.: Infrasound from convective storms: examining the evidence. Rev. Geoph. Space Phys. **11** (1973), 571–594

Georges, T. M., W. H. Beasley: Refraction of infrasound by upper atmospheric winds. J. Acoust. Soc. Am. **61** (1977), 28–34

Georges, T. M., G. E. Greene: Infrasound from Convective Storms. Part IV. Is it Useful for Storm Warning? Appl. J. Meteor. **14** (1975), 1303–1316

Georges, T. M., J. M. Young: Passive Sensing of Natural Acoustic-Gravity Waves at the earth's surface. in „Remote Sensing of the Troposphere" Ed. DERR, NOAA, Wave Propagation Lab., Boulder 1972

oerke, V. H., J. M. Young, R. K. Cook: Infrasonic observations of the May 16, 1963, Volcanic explosion on the island of Bali. J. Geophys. Res. **70** (1965), 6017–6022

Goldstein, M. E. Aeroacoustics McGraw Hill, 1976

Golizyn, G. S., G. I. Grigorew, W. P. Dokuschaew: Untersuchungen von akustischen Schwerewellen bei der Bewegung von Meteoren in der Atmosphäre (in russ.). FAO **13** (1977), 926–935

Gorschkov, G. S.: Determinations of the explosion energy in some volcanoes according to barograms. Bull. Volcanol. **23** (1960) 141–144

Gossard, E. E.: Spectra of atmospheric scalars. J. Geophys. Res. **65** (1960), 3339–3351

Gossard, E. E., W. H. Hooke: Waves in the Atmosphere. Elsevier Scient. Publ. Comp., Amsterdam – Oxford – New York (1975), 456 S.

Gostinzev, J. A., E. A. Ivanov, J. W. Schazkich: Infraschall- und Schwerewellen in der Atmosphäre bei großen Bränden (in russ.). Dokl. AN SSSR, **271** (1983), 327–330

Gotschelaschwili, K. S., A. M. Prochorov, I. V. Tschaschej, V. I. Schischov: Infraschall kosmischen Urpsrungs in der Atmosphäre (in russ.). Sh. Exp. Theor. Fiz. **36** (1982), 31–33

Gratschev, A. I., S. V. Zagoruiko, A. K. Matveev, M. I. Morduchovich: Einige Ergebnisse der Aufzeichnung von atmosphärischen Infraschallwellen (in russ.). FAO **14** (1978), 474–483

Griffiths. J. W. R.: Adaptive array processing. Proc. IEE, F. H. **130** (1983), 3–10

Grover, F. H.: Experimental Noise Reducers for an Active Microbarograph Array. Geoph. J. R. astr. Soc. **26** (1971), 41–52

Grover, F. H.: Geophysical Effects of Concorde Sonic Boom. Q. J. R. Astr. Soc. **14** (1973), 141–158

Han Yan-Jie: Some relations between microbaromic waves and earthquakes (in chinese). Acta Seism. Sin., 2 (1980), 215–226, in: Phys. Abstr. Vol. **84** (1981), No. 1152, p. 721

Harkrider, D. G.: Theoretical and observed acoustic gravity waves from explosive sources in the atmosphere, J. Geophys. Res. **69** (1964) 5295–5321

Herrin, E., J. A. McDonald: A Digital System for the Acquisition and Processing of Geoacoustic Data. Geoph. J. R. astr. Soc., **26** (1971), 13–20

Holmes, C. R., M. Brook, P. Krehbiel, R. McCrory: On the power spectrum and mechanism of thunder, J. Geophys. Res. **76** (1971), 2106–2115

Hood, R. A., H. G. Leventhall: Field Measurement of Infrasonic Noise. Acustica **25** (1971), 10–13

Imaichi, K., Y. Tsujimoto, S. Tabatake: Theoretical analysis of infrasound radiation from an oscillating bridge. J. Sound Vibrat. **81** (1982), 453–468

Ising, H., B. Markert, F. Shenoda, C. Schwarze: Infraschallwirkungen auf den Menschen. Schriftenreihe „Humanisierung des Arbeitslebens" Bd. **27**, VDI-Verlag 1982

Ising, H., C. Schwarze: Infraschallwirkungen auf den Menschen. Z. f. Lärmbekämpfung **29** (1982), 79–82

Jones, W. L.: Linear Internal Gravity Waves in the Atmosphere. in Hdb. d. Phys., Bd. XLIX/5, Geophys. III, Springer Verlag (1976) 178–216

Kaschak, G., W. L. Donn, U. Fehr: Long-range infrasound from rockets. J. Acoust. Soc. Am. **48** (1970), 12–20

Kelley, M. C., Livingston, R. and *McCready, M.:* Large amplitude thermospheric oscillations induced by an earthquake. Geophys. Res. Lett. **12** (1985), 577–580.

Landau, L. D., Lifschitz, E. M.: Lehrbuch der theoretischen Physik, Bd. VI Hydrodynamik, S. 351. Akademie-Verlag, Berlin 1966, 6185.

Landstrom, U., Bystrom, M.: Infrasonic threshold levels of physiological effects. J. Low Freq. Noise & Vib. **3** (1984), 167–173.

Larson, R. J., J. B. Craine, J. E. Thomas, C. R. Wilson: Correlation of winds and geographic features with production of certain infrasonic signals in the atmosphere. Geoph. J. R. astr. Soc. (1971), 201–214

Lighthill, M. J.: On sound generated aerodynamically. Part. I, Proc. Roy. Soc. (A), **211** (1952), 564–587

Lighthill, M. J.: On sound generated aerodynamically. Part II Turbulence as a source of sound. Proc. Roy. Soc. (A), **222** (1954), 1–32

Lighthill, M. J.: Sound generated aerodynamically. Proc. Roy. Soc. (A), **267** (1962), 147–179

Linde, B.: Ein Beitrag zur Messung des seegangserzeugten Infraschalls in Hamburg und dessen Zusammenhang mit der Mikroseismik und den atmosphärischen Ausbreitungsbedingungen. Dissert. Univ. Hamburg 172 S. (1980)

Liu, C. H., J. Klostermeyer, K. C. Yeh, T. B. Jones. T. Robinson. O. Holt, R. Leitinger, T. Ogawa, K. Sinno: Global dynamic responses of the atmosphere to the eruption of Mount St. Helens on May 18, 1980, J. Geoph. Res., **87** (1982), 6281–6290

Liszka, L.: Detection of 2 Hz infrasound from underground nuclear explosions, KGO, Rep. No **722** (1972)

Liszka, L.: Long-distance propagation of infrasound from artificial sources, JASA **56** (1974), 1383–1388

Liszka, L.: Infrasonic waves-interaction with the atmosphere. Dynamical and Chemical Coupling, 63–71. Ed. B. *Grandel* and *J. A. Holtet*, 1977, Reidel, Holland

Liszka, L.; Long distance focusing of concorde sonic boom. J. Acoust. Soc. Am. **64** (1978), 631–635

Liszka, L.: Studies of the stratospheric and mesospheric wind system and temperature distribution from observations of infrasonic waves generated during regular concorde flights. KGI Report **176** (1981)

Liszka, L., S. Olsson: On the generation and detection of artificial atmospheric waves. J. Atmos. Terr. Phys. **33** (1971), 1933–1939

Liszka, L., S. Olsson: On the generation and detection of artificial atmospheric waves. KGO, Rep. No. **711** (1971)

Liszka, L., K. Englund, S. Olsson, K. Koskenniemi: Infrasound recording equipment at Kiruna Geophysical Observatory, KGO, Techn. Rep. 71 : **105** (1971), 24 S.

Liszka, L.: Long-distance propagation of infrasound and its consequences for environmental noise measurements. J. Low Freq. Noise & Vib. **4** (1985), 163–7.

Liu Wen-yi: Detection and analytical results of the infrasonic signal from the eruption of St. Helens volcano. J. Low Freq. Noise & Vib. **4** (1985), 98–103.

Mauk, F. J.: Utilization of seismically recorded infrasonic-acoustic signals to monitor volcanic explosions: The El Chichon sequence 1982-A case study, J. Geophys. Res., **88** (1983), 10. 385–10. 401

Meecham, W. C.: Effect of atmospheric wind structure on the shorterperiod, nuclear-generated infrasound. J. Geophys. Res., **73** (1968) 377–384

Mikumo, T., B. A. Bolt: Excitation mechanism of atmospheric pressure waves from the 1980 Mount St. Helens eruption. Geophys. J. R. astr. Soc. **81** (1985) 445–461

Moller, H.: Physiological and psychological effects of infrasound on humans. J. Low Freq. Noise & Vib. **3** (1984), 1–17.

Nater, W., H. Richner: Characteristics of pressure fluctuations as measured with an array of microbarographs. Proc. Joint. Scient Meeting Mount. Meteor. Biometeor. 1976, Interlaken, edited by B. Primault (SGG. Zürich, 1977)

Olberg, M., F. Rákóczi: Informationstheorie in Meteorologie und Geophysik, Akademie-Verlag Berlin (1984), 181 S.

Olson, J. V.: Signal detection in scalar arrays: Application of adaptive, pure-state filters to infrasonic array data. Annales Geophysicae, **1** (1983), 371–374

Perona, G. E., P. Canavero: An acoustic system for infrasound detection: lumped and distributed equivalent electric circuit. Alta frequenca, XLIX (1980), 270–275

Pfeffer, R. L., J. Zarichny: Acoustic-gravity wave propagation in an atmosphere with two sound channels. Geofis. pura appl., **55** (1963), 175–199

Pierce, A. D.: Propagation of acoustic-gravity waves in a temperature and wind-stratified atmosphere. J. Acoust. Soc. Am., **37** (1965), 218–227

Pierce, A. D.: Guided infrasonic modes in a temperature- and windstratified atmosphere. J. Acoust. Soc. Am., **41** (1967), 597–611

Pierce, A. D., S. C, Coroniti: A mechanism for the generation of acoustic-gravity waves during thunderstorm formation. Nature, **210** (1966), 1209–1210

Pierce, A. D., J. W. Posey: Theory of the excitation and propagation of Lamb's atmospheric edge mode from nuclear explosions. Geophys. J. R. Astr. Soc., **26** (1971), 341–368

Pierce, A. D., J. W. Posey und *E. F. Iliff:* Variation of nuclear explosion generated acoustic-gravity waveforms with burst height and with energy yield, J. Geoph. Res., **76** (1971), 5025–5042

Posey, J. W., A. D. Pierce: Estimation of nuclear explosion energies from microbarograph records. Nature, **232** (1971), 71

Posmentier, E. S.: A Theory of Microbaroms, Geophys. J. R. astr. Soc. **13** (1967), 487–501

Posmentier, E. S.: 1- to 16-Hz infrasound associated with clear air turbulence predictors. J. Geophys. Res., **79** (1974), 1755–1760

Prasad, S. S., L. J. Schneck, K. Davies: Ionospheric disturbances by severe tropospheric weather storms, J. Atmos. Terr. Phys., **37** (1975), 1357–1363

Procunier, R. W., G. W. Sharp: Optimum frequency for detection of acoustic sources in the upper atmosphere. J. Acoust. Soc. Am. **49** (1971) 622–626

Proudman, B. I.: The generation of noise by isotropic turbulence. Proc. Roy. Soc., **214** (1952), 119–132

Raju, D. G. K. u. a.: Infrasonic oscillations in the F2 region associated with severe thunderstorms. J. Geophys. Res., **86** (1981). 5873–5880

Rao, N. N., G. F. Lyon, J. A. Klobuchar: Acoustic waves in the ionosphere. J. Atmos. Terr. Phys., **31** (1969), 539–545

Reed, J. W.: Air pressure waves from mount St. Helens eruptions. J. Geophys. Res. 92 D10 (1987), 11979–11992.

ReVelle, D. O.: On meteor-generated infrasound. J. Geophys. Res., 81 (1976), 1217–1230

Rind, D.: Heating of the lower thermosphere by the dissipation of acoustic waves. J. Atmos. Terr. Phys., **39** (1977), 445–456

Rind, D.: Investigation of the lower thermosphere results of ten years of continuous observations with natural infrasound. J. Atmos. Terr. Phys., **40** (1978), 1199–1209

Rind, D.: Microseisms at Palisades 3. microseisms and microbaroms. J. Geophys. Res., **85** (1980), 4854–4862

Rind, D., W. L. Donn: Further use of natural infrasound as a continuous monitor of the upper atmosphere. J. Atm. Sc., **32** (1975), 1694–1704

Rind, D., W. L. Donn: Microseisms at Palisades: Source location and propagation, J. Geophys. Res., **83** (1978), 3525–3534

Rind, D., Donn, W.: Infrasound observations of variability during stratospheric warmings. J. Atm. Sc., **35** (1978), 546–553

Rind, D., W. L. Donn, E. Dede: Upper air wind speeds calculated from observations of natural infrasound. J. Atm. Sc., **30** (1973), 1726–1729

Rind, D., W. Donn, W. L. Robinson: Stratospheric variability in summer. J. Appl. Meteor., **20** (1981), 900–909

Row, R. V.: Acoustic-gravity waves in the upper atmosphere due to a nuclear detonation and an earthquake. J. Geophys. Res., **72** (1967), 1599–1610

Schick, A. und *J. Wempen:* Eindrücke von der Inter-Noise 1984 in Honolulu. Z. f. Lärmbekämpfung **32** (1985), 117–118

Schlegel, K., E. V. Thrane, A. Brekke: Partial reflection results in the auroral *D*-region explained in terms of acoustic waves. J. Atmos. Terr. Phys., **42** (1980), 809–814

Sessler, G. H., J. E. West: Electret Transducers: A review. J. Acoust. Soc. Am., **53** (1973), 1598–1600

Sorrels, G. G.: Preliminary investigation into the relationship between long-period seismic noise and local fluctuations in the atmospheric pressure field. Geophys. J. R. astr. Soc., **26** (1971), 71–82

Sorrells, G., J. A. McDonald, Z. A. Der, E. Herrin: Earth motion caused by local atmospheric pressure changes. Geophys. J. R. astr. Soc., **26** (1971), 83–98

Stephens, R. W. B.: Infrasonics. Ultrasonics, 1969, 30–35

Stilke, G.: Registrierung von Luftdruckwellen im Subschallgebiet. Z. f. Geophys., **33** (1967), 147–153

Suzuki, Y.: Temporal and spatial changes of polar substorms and infrasonic wave emissions. Planet. Space Sci., **27** (1979) 11–95–1208

Suzuki, Y.: Propagation of auroral infrasonic waves studied by ray-tracings. Planet. Space Sci., **29** (1981), 57–63

Swift, D. W.: The generation of infrasonic waves by auroral electrojets. J. Geophys. Res., **78** (1973), 8205–8219

Tahira, M.: A study of infrasonic waves in the atmosphere. I. Multi-pipe line microphone for infrasonic observations. J. Meteor. Soc. Jap. **59** (1981), 477–486

Tahira, M.: A study of infrasonic waves in the atmosphere. II. Infrasonic waves generated by the explosions of the Volcano Sakura-Jima. J. Meteor. Soc. Jap., **60** (1982), 896–907

Tahira, M., W. L. Donn: Anomalous infrasound from Space Shuttle II and Skylab I. J. Acoust. Soc. Am., **73** (1983), 461–464

Tempest, W.: Infrasound and low frequency vibration. Acad. Press. London, 1977, 364 S.

Thomas, J. E., T. H. Kuckerts, J. D. Logan, T. K. Law, L. B. Craine: Possible source mechanisms for a frequently occurring infrasonic signal. J. Acoust. Soc. Am., **86** (1974), 1391–1397

Utke, H.: Atmosphärische Druckschwankungen und lokale turbulente Druckschwankungen mit Frequenzen unterhalb des Hörbereichs. Diss. Humboldt-Universität Berlin, 1970, 111 S.

Varghese, T. G., V. Kumar: Detection and location of an atmospheric nuclear explosion by microbarograph array. Nature, **225** (1970), 259–261

Vasseur, G., C. A. Reddy, J. Testud: Observations of waves and travelling disturbances. Space Res. XII, 2 (1972), 1109–1131

Venkatachari, R., A. Sen Gupta, A. K. Saha und *B. J. Srivastava:* Infrasonic Observations at Antarctica, Indian J. Rad. Space Phys., **13** (1984) 109–111

Weber, M. E., W. L. Donn: Ducted propagation of Concorde-generated shock waves. J. Acoust. Soc. Am., **71** (1982), 340–347

Westin, H.: Studies of auroral infrasonic waves in the 0,1–0,01 Hz range. KGI Report, No. **75:1**, 1975

Westin, H.: Studies of auroral infrasonic substorms. KGI, Rep. No. **76:3**, 1976

Wickersham, A. P. Jr.: Identification of acoustic gravity wave modes from ionospheric rangetime observations. J. Geophys. Res., **71** (1966), 4451–4555

Williamson, L. E.: Seasonal and regional characteristics of acoustic atmospheres, J. Geophys. Res., **70** (1965), 249–255

Wilson, C. R.: Auroral infrasonic waves. J. Geophys. Res., **74** (1969), 1812–1836

Wilson, C. R.: Two-station auroral infrasonic wave observations. Plan. Space Sci., **17** (1969), 1817–1847

Wilson, C. R.: Auroral infrasonic wave-generation mechanism. J. Geophys. Res., **77** (1972), 1820–1843

Wilson, C. R.: Trans-auroral zone auroral infrasonic wave observations. Planet. Space Sci., **22** (1974), 151–173

Wilson, C. R.: Infrasonic wave generation by aurora. J. Atmos. Terr. Phys., **37** (1975), 973–988

Wilson, C. R., R. B. Forbes: Infrasonic waves form Alaskan volcanic eruptions. J. Geophys. Res., **74** (1969), 4511–4522

Wolcott, J. H., Simons, D. J., Lee, D. D. and *Nelson, R. A.:* Observations of an ionospheric perturbation arising from the Coalinga earthquake of May 2, 1983. J. Geophys. Res. **89** A8 (1984), 6835–6839.

Woulff, G., T. R. McGetchin: Acoustic noise from volcanoes: theory and experiment. Geophys. J. R. astr. Soc., **45** (1976), 601–616

Yeowart, N. S., M. E. Bryan, W. Tempest: The monaural M. A. P. threshold of hearing at frequencies from 1,5 to 100 c/s. J. Sound Vib., **6** (1967), 335–342

Yeowart, N. S., Evans, M. J.: Thresholds of audibility for very low-frequency pure tones. J. Acoust. Soc. Am., **55** (1974)

Young, J. M., G. E. Greene: Anomalous infrasound generated by the Alaskan earthquake of 28 March 1964. J. Acoust. Soc. Am., **71** (1982), 334–339

Anschrift: Dr. rer. nat. Günther Bull, Dr. rer. nat. Hartwin Goering, Dr. rer. nat. Joachim Neisser, Akademie der Wissenschaften der DDR, Heinrich-Hertz-Institut für Atmosphärenforschung und Geomagnetismus, Rudower Chaussee 5 DDR - 1199 Berlin

Manuskripteingang: 11. 2. 1988

Buchbesprechung

Rothhardt, Günter: Praxis der Softwareentwicklung. VEB Verlag Technik, Berlin 1987, 296 S., Preis 30,00 Mark

Das vorliegende Buch wendet sich hauptsächlich an den Leser, der eine Programmiersprache bereits beherrscht und daran interessiert ist, seine Arbeitsweise im Alltag der Softwareentwicklung so zu verändern, daß solche Softwareprodukte entstehen, deren Entwicklung, Wartung und Anwenderfreundlichkeit den wachsenden Anforderungen in Gegenwart und zumindest naher Zukunft genügen. Es vermittelt aber auch dem Leser wertvolle Hinweise, zu dessen Aufgaben die Softwareprogrammierung nicht gehört, wie z. B. einem Leiter von Software entwickelnden oder nutzenden Kollektiven.

Die Ausführungen in den einzelnen Abschnitten sind weder auf einen bestimmten Computertyp noch auf einen speziellen Anwendungsbereich beschränkt. Die zahlreichen Beispiele zur Veranschaulichung grundlegender Aussagen entstammen der Entwicklung wissenschaftlich-technischer Programmsysteme in der Sprache FORTRAN. Der Autor verteilte den Stoff aus der Sicht verschiedener Interessentengruppen auf die in Abschnitte unterteilten Kapitel des Buches. Außer

1. Einleitung
2. Softwareentwicklung aus Sicht des Programmierers
3. Softwareentwicklung aus Sicht des Projektleiters
4. Softwareentwicklung aus Sicht des Methodenspezialisten
5. Schlußbemerkungen

enthält das Buch neben den beiden Anhängen, in welchen Darstellungsmittel für strukturierte Programmierung und Beispiele für Checklisten gezeigt werden, ein sehr umfangreiches Literaturverzeichnis. Es ermöglicht in Verbindung mit den Zusammenfassungen am Schluß fast jeden Abschnitts die Vertiefung des dargebotenen Inhalts und den Zugang zu entfernteren Spezialgebieten. Im Kapitel 4, dessen Anteil am Buch etwa 5 % beträgt, werden demjenigen Leser, der von seinem Leiter zum Methodenberater für eine Gruppe von Softwareentwicklern bestimmt wurde, Vorschläge für die Realisierung der Methodenarbeit unterbreitet.

Es ist ein Vergnügen, dieses Buch zu lesen. Der in unkonventionellem Stil geschriebene Text spricht den Leser direkt an. Er hat oft das Gefühl, eine Art Dialog mit dem Autor, der den Leser und seine Probleme versteht, zu führen. Der interessierte und lernbereite Leser erhält nicht nur Denkanstöße, sondern fundierte Hilfestellungen bei der Bewertung von Gegebenheiten und Tendenzen für zeitgemäßes Programmieren.

In der Reihe der angesprochenen Probleme findet sich beispielsweise die auch für viele Meteorologen bedeutsame Frage: Welche Programmiersprache soll ich heute lernen? Der Autor gibt eine kurze Einschätzung der gebräuchlichsten Programmiersprachen. BASIC ist die führende Sprache bei der Anwendungsprogrammierung für Mikrorechner. Daß sie die Programmiersprache für Studenten ist, wird vom Autor nicht begrüßt, da sie für die kollektive Softwareentwicklung schlecht geeignet ist und eine ungünstige stilbildende Wirkung auf den Programmierenden ausübt. Die didaktisch günstigste, ebenfalls leicht zu erlernende, effizient zu übersetzende und stilbildende Sprache ist gegenwärtig PASCAL. PASCAL nimmt gegenüber neueren Sprachen eine „Vaterrolle" ein. Die Sprache FORTRAN behauptet trotz ihres veralteten Konzepts den zweiten Platz in der Anwendungshäufigkeit (nach der kommerziell orientierten Sprache COBOL). Ein weiterentwickelter Standard FORTRAN 8X (etwa 1989) soll Mängel beheben und eine Reihe veralteter Elemente (z. B. COMMON) aussondern. Natürlich verkennt der Autor den Umstand nicht, daß die Verfügbarkeit über Computer- und Compilertypen für zeitgemäße Sprachen den Programmierer in der Wahl seiner Programmiersprache beeinflußt. Der Autor empfiehlt die Ausbildung des Anfängers in einer „Mutterprogrammiersprache" – gegenwärtig am besten PASCAL – und schlußfolgert auf S. 178: „Nachdem der angehende Programmierer gelernt hat, worauf es bei der Softwareentwicklung ankommt, kann er getrost auf die jeweilige Zielsprache seines zukünftigen Arbeitsbereiches umsteigen".

Die vielfältigen Hinweise des Autors für die Aneignung eines modernen Programmierstils und für die optimale Projektdurchführung beziehen sich unter anderem auf die modulorientierte und strukturierte Programmierung (Struktogramme, Pseudokode usw., ergonomische und mnemonische Wirkungen, Etappen der Programmtestung, Prinzipien der Projektleitung sowie Elemente der Methodenarbeit.

Für jeden Softwareentwickler – im engsten und im weitesten Sinne – stellt die Lektüre des Buches einen Gewinn dar. Der Anfänger kann sich zu den aufgeworfenen Fragen eine eigene Meinung erarbeiten. Der Fortgeschrittene wird inspiriert, seinen durch Erfahrung gereiften, gefestigten Standpunkt kritisch zu beleuchten.

G. Malitz

Z. Meteorol. 38 (1988) 5, 284–292

551.509.313
551.553.11
551.559.21

Ein Modell zur Simulation der Land-See-Wind-Zirkulation unter Berücksichtigung orographischer Hindernisse in Küstennähe

Von **Kieu thi Xin** und **U. Damrath**

Mit 3 Abbildungen

Zusammenfassung: Es wird ein zweidimensionales, hydrostatisches Modell auf der Basis der primitiven Gleichungen in x–σ–Koordinaten zur Simulation der Land-See-Wind-Zirkulation (LSWZ) unter Berücksichtigung von sowohl thermischen als auch dynamischen Effekten beschrieben. Zur mathematischen Lösung der Modellgleichungen wird die Splittingmethode verwendet. Die Modellatmosphäre reicht von der Erd- bzw. Meeresoberfläche bis zu einem Druck an der Modelloberfläche von 700 hPa und wird in 15 Schichten eingeteilt. In der Horizontalen werden 51 Gitterpunkte bei einer Gitterweite von 7 km verwendet. Die mit dem Modell erhaltenen Ergebnisse sind mit denen aus der Literatur vergleichbar.

Summary: A two-dimensional hydrostatic model based on the primitive equations in x-σ–coordinates is described. This model simulates the land-sea breeze with reference to both thermal and dynamic effects. Model equations are solved using the time-splitting method. The model includes 15 levels with its top being at 700 hPa, and a horizontal mesh-width of 7 km. The results of calculations are in reasonable agreement with those published by other authors.

1. Einleitung

Das Land-See-Wind-Phänomen ist bei der Untersuchung des Wärmetransports von der Erdoberfläche in die Atmosphäre und der Umwandlung in kinetische Energie der Luftbewegung von besonderer Bedeutung. Das wesentliche Interesse bei der Modellierung der Prozesse im Mesomaßstab besteht in der Simulation und Vorhersage von solchen meteorologischen Variablen wie Wind, Temperatur, Feuchteverteilung sowie der Diffusionsbedingungen. Die Diffusionsverhältnisse sind insbesondere dann von Bedeutung, wenn die Ausbreitung einer Beimengung in der Nähe der Küste berechnet werden soll. Auf dem Gebiet der Berechnung der lokalen Zirkulation gibt es gegenwärtig eine große Anzahl theoretischer und experimenteller Untersuchungen. Dabei existieren sowohl lineare als auch nichtlineare Modelle. Nach Ansätzen von *Wexler* (1947) und *Defant* (1951) und weiteren Arbeiten dieser Autoren entwickelt sich der Seewind als eine kleine Zirkulation direkt an der Küste als Folge der Erwärmung des Landes in solchen Fällen, in denen die großräumige Strömung schwach ist. Die weitere Entwicklung der Zirkulation mit ihrem Vordringen in das Landesinnere hängt von einer Vielzahl von Faktoren, wie etwa der Größe des Temperaturunterschiedes zwischen Land und Meer, der Feuchtigkeitsverteilung und der großräumigen synoptischen Situation ab. Die Land-See-Wind-Zirkulation entwickelt sich als ein Strömungssystem mit relativ geringer horizontaler Ausdehnung mit einem charakteristischen Tagesgang der Windgeschwindigkeit. Mit der im Tagesverlauf zunehmenden Sonneneinstrahlung bildet sich eine direkte thermische Zirkulation aus, die durch tagsüber landeinwärts gerichteten Wind in Bodennähe und seewärts gerichteten Wind in der Höhe gekennzeichnet ist. Das Maximum der Windgeschwindigkeit wird dabei im allgemeinen später als das Temperaturmaximum beobachtet.

Das erste lineare numerische Modell auf der Basis der primitiven Gleichungen zur Untersuchung des Seewinds wurde von *Estoque* (1961, 1962) entwickelt. Mit einer Modifikation des Estoque-Modells untersuchten *Neumann, Mahrer* (1971) als erste die Dynamik der Landkomponente der LSWZ sowie einige ihrer wichtigsten Merkmale.

In den meisten zweidimensionalen Modellen wird die Änderung der Modellvariablen senkrecht zur Grundströmung vernachlässigt, obwohl sich durch den Corioliseffekt sowie durch turbulente Diffusion eine Windkomponente in diese Richtung entwickeln kann. Zum Nachweis der Nützlichkeit der zweidimensionalen Betrachtungsweise führte *Pielke* (1974) eine Reihe von Experimenten aus. Die daraus resultierenden Ergebnisse zeigen, daß ein zweidimensionales Modell die gleichen Strömungsbilder wie ein dreidimensionales Modell erzeugen kann, wenn der Antrieb des Modells zweidimensionaler Natur ist. Allerdings gelang es mit einem zweidimensionalen Modell nicht, die Land-See-Wind-Zirkulation über Florida zu simulieren, obwohl die dort vorhandenen Antriebe für das Modell überwiegend zweidimensional sind.

Häufig findet man in der Nähe von Küsten auch orographische Strukturen, die die ungehinderte Entwicklung der LSWZ beeinflussen. Die Effekte der mesoskaligen Orographie auf die atmosphärischen Bewegungen wurden von *Holton* (1960) und *Gutman* (1969) theoretisch untersucht. Den experimentellen Ergebnissen von *McPherson* (1970), *Pielke* (1971), *Maher, Pielke* (1977) zufolge äußern sich die topographischen Effekte in Küstennähe lediglich durch eine entsprechende Wärmeverteilung in der Horizontalen.

Die Ergebnisse von *Asai, Mitsumoto* (1978), *Ookouchi, Uryu, Sawada* (1978) zeigen, daß durch einen Berg die LSWZ entweder deutlich intensiviert oder aber auch dynamisch blockiert werden kann. Einen maßgeblichen Einfluß übt dabei die Erwärmung aus.

Das Entstehen der LSWZ hängt von einer großen Zahl von Faktoren ab. *Kondo, Gambo* (1979) haben den Effekt der Mischungsschicht und in diesem Zusammenhang auch den Einfluß der LSWZ auf die Ausbreitungen von Schadstoffen untersucht. Hierbei wurde die Mischungsschicht wesentlich durch die Konvektion geprägt, und die Ergebnisse der Parametrisierung der Diffusionskoeffizienten sind mit Meßergebnissen vergleichbar. Allerdings blieb die Zirkulation auch noch nach Sonnenuntergang mit landwärtsgerichteter bodennaher Strömung erhalten. Nach *Kondo* und *Gambo* ist im Falle der LSWZ keine deutliche Erhöhung der bodennahen Schadstoffkonzentration zu erwarten, wenn sich die Quelle in Küstennähe befindet, da die Verunreinigung zwar in geringem Umfang mit dem Seewind landeinwärts transportiert wird, sich durch die Vertikalbewegungen an der Seewindfront jedoch aufwärts bewegt. Dieser Zustand wird von den Autoren als Asymmetrie zwischen äußerer und innerer Mischungsschicht bezeichnet.

Bei Untersuchungen der Temperaturentwicklung der Grenzschicht in Gebirgslandschaften wurde von *McNider, Pielke* (1981) gezeigt, daß die Entwicklung eines mesoskaligen Druckgradienten durch die unterschiedliche Erwärmung und Abkühlung der Erdoberfläche zur Herausbildung eines Windmaximums in geringer Höhe über dem Berg führt. Wird außer der orographischen Beeinflussung der Strömung auch noch die Wirkung der LSWZ betrachtet, so ergeben sich komplizierte Verhältnisse, die nur noch mit numerischen Modellen simuliert werden können. Solche Modelle zur komplexen Untersuchung des Einflusses von sowohl orographischen Hindernissen als auch unterschiedlichen Oberflächeneigenschaften auf die atmosphärischen Bewegungen im Mesomaßstab existieren bisher kaum. Ihre Entwicklung ist mit einem enormen numerischen Aufwand verbunden und verlangt sehr leistungsfähige Rechenanlagen, insbesondere dann, wenn man nichthydrostatische Modelle verwenden will.

In der vorliegenden Arbeit wird mittels eines hydrostatischen Modells die Wirkung der Orographie in Küstennähe auf die Ausbildung der LSWZ untersucht. Nach einer Beschreibung des verwendeten Modell werden numerische Ergebnisse mitgeteilt.

2. Das Modell

Aufgrund theoretischer Betrachtungen (*Wippermann* 1981) können hydrostatische Modelle noch dann verwendet werden, wenn die charakteristische horizontale Ausdehnung der zu untersuchenden atmosphärischen Erscheinung mindestens 10 km beträgt. Nichthydrostatische Effekte müssen in die Betrachtungen einbezogen werden, wenn der horizontale Maßstab des betrachteten Prozesses unter 100 m liegt, wie etwa im Gebiet der Land-See-Windfront, so daß vertikale Beschleunigungen nicht mehr vernachlässigt werden können. Die LSWZ ist ein Phänomen im Maßstab Meso $-\ \beta$, die durch die horizontal unterschiedliche Erwärmung der Unterlage hervorgerufen und durch turbulente Prozesse in der Grenzschicht wesentlich beeinflußt wird. Die horizontale Ausdehnung der LSWZ ist nicht sehr groß, so daß die Wirkungen der Corioliskraft mitunter vernachlässigt werden können.

Auf theoretische Untersuchungen von *Estoque* (1961, 1962), von *Neumann, Mahrer* (1971) aufbauend und unter Beachtung der Ergebnisse von *Anthes, Warner* (1978) sowie der Arbeiten von *Physick* (1976), *Pielke* (1974a), *Pielke, Mahrer* (1978), *Asai, Mitsumoto* (1978), *Kondo, Gambo* (1979), *Onishi, Abara* (1985) sowie *Kostrikov* (1986) wurden die folgenden Modellgleichungen abgeleitet.

2.1. Modellgleichungen

Einige Grundprinzipien des Modells sind bei *Damrath* (1983) im Zusammenhang mit der Untersuchung von orographischen Hindernissen auf die atmosphärischen Bewegungen beschrieben worden. In den folgenden Modellgleichungen sind darüber hinaus noch die physikalischen Prozesse enthalten, die zur Simulation der LSWZ notwendig sind. Die Gleichungen beziehen sich auf ein x–y–σ–t-Koordinatensystem, wobei die x-Achse parallel zur Küste, die y-Achse senkrecht zur Küste weist. Folgende Gleichungen werden verwendet:

Die Bewegungsgleichung:

$$\frac{\partial \mathbb{V}}{\partial t} = -\mathbb{V}\cdot\nabla\mathbb{V} - \dot{\sigma}\frac{\partial \mathbb{V}}{\partial \sigma} - fk\times\mathbb{V} - \frac{\partial \Phi}{\partial x} + RT\sigma\frac{\partial}{\partial s}\left[\ln\left(p_* + \frac{p_T}{\sigma}\right)\right] + F_{\mathbb{V}}, \tag{1}$$

die Kontinuitätsgleichung

$$\frac{\partial p_*}{\partial t} = -\nabla\cdot(p_*\mathbb{V}) + \frac{\partial}{\partial\sigma}(p_*\dot{\sigma}), \tag{2}$$

der erste Hauptsatz der Thermodynamik

$$\frac{\partial\vartheta}{\partial t} \doteq -\mathbb{V}\cdot\nabla\vartheta - \dot{\sigma}\frac{\partial\vartheta}{\partial\sigma} + F_\vartheta + Q, \tag{3}$$

die statische Grundgleichung

$$\frac{\partial\Phi}{\partial t} = -\frac{RT}{\sigma + \dfrac{p_T}{p_*}} \tag{4}$$

sowie die daraus resultierenden Beziehungen

$$\frac{\partial p_*}{\partial t} = -\int_0^1 \nabla\cdot(p_*\mathbb{V})\mathrm{d}\sigma \tag{5}$$

$$\dot{\sigma} = -\frac{1}{p_*}\left\{\int_0^\sigma [\nabla\cdot(p_*\mathbb{V})]\,\mathrm{d}\sigma + \sigma\frac{\partial p_*}{\partial t}\right\}. \tag{6}$$

Dabei bedeuten:

$\mathbb{V} = ui + vj$ horizontaler Windvektor

u, v – Komponenten des horizontalen Windvektors

$\sigma = \frac{p - p_T}{p_S - p_T}$ – vertikale Koordinate

p_T – Druck an der Modellobergrenze

p_S – Druck an der Modelluntergrenze

f – Coriolisparameter

ϑ – potentielle Temperatur

T – absolute Temperatur

R – Gaskonstante trockener Luft

$F_{\mathbb{V}} = F_{MX} i + F_{M0} j$ – Reibungterme

Q – Wärmequellen und -senken

Die Vorgabe von Anfangs- und Randbedingungen ist für Mesomodelle von der theoretischen Seite noch nicht eindeutig gelöst. Daher ist es zum Teil notwendig, auf experimentellem Wege insbesondere nach geeigneten Randbedingungen zur Lösung des betrachteten Problems zu suchen.

Das allgemeine Prognoseproblem kann anhand der Gleichung

$$\frac{\partial (\psi - \bar{\psi})}{\partial t} = - \mathbb{V} \cdot \nabla (\psi - \bar{\psi}) + F(\psi, \varkappa, t) \tag{7a}$$

diskutiert werden (*Anthes, Warner* 1978). Dabei ist ψ die zu prognostizierende Variable, $\bar{\psi}$ ein Mittelwert, der entweder durch zeitliche oder räumliche Mittelung entsteht, $\mathbb{V}$ der dreidimensionale Windvektor, $\varkappa$ der dreidimensionale Ortsvektor und F eine von Ort und Zeit abhängende Antriebsfunktion. Durch Integration über die Zeit erhält man

$$(\psi - \bar{\psi})(\varkappa, t) = (\psi - \bar{\psi})(\varkappa, t_0) - \int_{t_0}^{t} \mathbb{V} \cdot \nabla (\psi - \bar{\psi}) \, dt + \int_{t_0}^{t} F(\psi, \varkappa, t) \, dt \tag{7b}$$

Daraus folgt, daß zur Integration eines Vorhersagemodells in beliebigem Scale folgende Forderungen erfüllt sein müssen:

1. Kenntnis der Anfangsbedingungen
2. Vorgabe der Randbedingungen an den seitlichen Rändern sowie der unteren und der oberen Grenze des Modells
3. Erfassung der raum-zeitlichen Struktur von Antriebsfunktionen entweder durch explizite Vorgabe oder durch Parametrisierungsansätze.

In einem allgemeinen Vorhersagemodell müssen alle diese Forderungen erfüllt werden, soweit sie nicht prinzipiell gegenstandslos sind. Der Grad der Wichtigkeit der genannten drei Forderungen ist auch von dem zur Diskussion stehenden Problem abhängig. So kann beispielsweise in einem globalen Modell die Vorgabe seitlicher Randwerte entfallen. Dafür ist in diesem Fall die Initialisierung von besonderer Bedeutung. Für die Modellierung kleinräumiger atmosphärischer Prozesse ist dagegen die möglichst genaue Erfassung der Antriebsfunktionen besonders wichtig, während die Anfangsbedingungen meist keine große Bedeutung haben. Dies gilt insbesondere auch für die Modellierung der LSWZ. Hier überwiegt der Einfluß der zeitlich variierenden Antriebsfunktion gegenüber den Anfangswerten in solchen Fällen, wenn die Antriebsfunktionen kräftig genug sind, um die dominierende Rolle bei der Ausbildung der Zirkulationssysteme zu übernehmen.

2.2. Modellstruktur, Anfangs- und Randbedingungen

2.2.1. Modellstruktur und Anwendbarkeit der hydrostatischen Approximation

Ein kritisches Problem bei der Modellentwicklung ist die Ermittlung einer sinnvollen vertikalen Auflösung. Die Anzahl der vertikalen Modellflächen ist im wesentlichen von der vertikalen Struktur des betrachteten Phänomens abhängig. Daher gibt es momentan kein Modell, mit dem sämtliche in der Atmosphäre ablaufenden physikalischen Prozesse mit gleicher Genauigkeit beschrieben werden können. Falls die vertikale Ausbreitung von Wellen im untersuchten Prozeß besonders wichtig sein sollte, muß das Modell sehr viele vertikale Flächen besitzen. Sollten jedoch Gravitationswellen bei dem untersuchten atmosphärischen Prozeß keine wesentliche Bedeutung haben, so kann man auch mit einem Modell realistische Ergebnisse erzielen, das nur wenige Schichten aufweist.

Außerdem steht die vertikale Modellauflösung in einem Modell auf der Basis der primitiven Gleichungen im Zusammenhang mit seiner horizontalen Auflösung, um den Sinn der hydrostatischen Approximation zu garantieren. Dieses Problem wurde in der Literatur bereits mehrfach diskutiert. *Neumann, Mahrer* (1971) zeigten, daß für die atmosphärischen Bewegungen mit $UW/L \approx W^2/H$ die hydrostatische Approximation nicht mehr verwendbar ist (U, W – charakteristische Werte der horizontalen Windgeschwindigkeit und der Vertikalbewegung; L, H charakteristischer horizontaler und vertikaler Maßstab). Nach *Wippermann* (1981) muß die charakteristische horizontale Länge größer oder gleich 10 km sein, während *Orlanski* (1981) fordert, daß die Bedingung $H/\Delta x \ll 1$ erfüllt sein muß, um die hydrostatische Approximation anwenden zu können. Diese Kriterien wurden durch eine Scaleanalyse der Bewegungsgleichungen für die freie Atmosphäre ohne Berücksichtigung von seitlichen Randbedingungen erhalten. Damit sind sie nur dann in strengem Sinne anwendbar, wenn die Ausbreitung von internen Gravitationswellen für den untersuchten Prozeß dominierend ist.

Martin, Pielke (1983) untersuchten die Verwendbarkeit der hydrostatischen Approximation zur Simulation der LSWZ über flachem Land und betonen dabei die Bedeutung der Randbedingungen. Von diesen Autoren wurde gefunden, daß die hydrostatische Approximation noch dann angewendet werden kann, wenn die Gitterweite des Modells zumindest 1,5 km beträgt.

In der Natur entwickelt sich die LSWZ normalerweise nicht nur an Küsten mit flachem Relief. In den Fällen, in denen nahe der Küste orographische Hindernisse vorhanden sind, führen Erwärmung und Abkühlung der Unterlage in Zusammenhang mit der dynamischen Überströmung des Berges zur Intensivierung der Konvektion und damit zu einer komplizierten Entwicklung der LSWZ mit einer möglichen Verletzung des hydrostatischen Gleichgewichts. In der Literatur gibt es bisher keine Untersuchungen, unter welchen Bedingungen die hydrostatische Approximation auch noch bei solchen komplizierten Strömungsverhältnissen angewandt werden kann. Schließlich soll auch auf die Bedeutung der oberen Randbedingung hingewiesen werden. Bei der Hindernisüberströmung wirken Konvektion und die dynamisch bedingten Strömungen zusammen und erzeugen intensive Vertikalbewegungen. Hierdurch wiederum können sich externe Gravitationswellen entwickeln, die sich vertikal ausbreiten und an der Modellobergrenze reflektiert werden. Die ungehinderte Reflexion dieser Wellen kann durch eine geeignete Wahl der oberen Randbedingung unterbunden oder zumindest gedämpft werden.

2.2.2. Randbedingungen

Die Art und die Anzahl der benötigten Randbedingungen ist von der Anzahl der Variablen des Modells und von der speziellen Art der Modellgleichungen abhängig. Im vorliegenden Modell wird mit den oberen Randbedingungen

$$\vartheta_{p_T} = \text{const}, \quad U_{p_T} = U_g = \text{const}, \quad V_{p_T} = 0 \tag{8}$$

gearbeitet. Hinzu kommt eine im Sinne der Ausführungen bei *Klemp, Lilly* (1978) definierten Schicht in der Nähe der Modellobergrenze, in der eine zusätzliche horizontale Diffusion eingeführt wird, um die bereits erwähnte mögliche Reflexion externer Gravitationswellen zu dämpfen.

Die Wahl der seitlichen Randbedingungen ist besonders dann kompliziert, wenn das untersuchte Phänomen bis an die Modellränder wirkt oder Antriebsfunktionen in Randnähe auftreten. Im vorliegenden Modell ist eine bedeutende Abhängigkeit der Modellergebnisse von der Wahl der seitlichen Randbedingungen zu verzeichnen. Das Problem der seitlichen Randbedingungen in einem Meso-β-Modell auf der Basis der primitiven Gleichungen ist sehr komplex und bisher nicht im vollen Umfang theoretisch gelöst. Das Ziel besteht dabei darin, unreale, durch die Randbedingungen hervorgerufene Beschleunigungen zu unterbinden. Viele Untersuchungen konzentrieren sich auf die Minimierung der Effekte, die durch die Reflexion der im Modell vorhandenen Wellen vom Rand her verursacht werden. Vielfach wird so verfahren, daß unerwünschte Reflexionen in Randnähe durch die Einführung von gezielten, lokalen Dämpfungsalgorithmen eliminiert werden. Selbst wenn ein System von Modellgleichungen mit den dazugehörenden Randbedingungen numerisch stabil ist, kann sich durch unerwünschte Wellenreflexionen vom Rand die Energiebilanz des Modells signifikant verändern. Die Analyse von *Anthes, Warner* (1978) zeigt, daß das Vorschreiben von Massevariablen am Rand sinnvoll und realistisch ist, um eine Erhaltung des mittleren geostrophischen Winds während der Integrationszeit zu garantieren. Dies gilt nicht in solchen Fällen, wenn sich im Modell Wärmequellen oder -senken befinden.

Im zweidimensionalen Fall ist das Problem der seitlichen Randbedingungen gegenüber dem dreidimensionalen Problem etwas einfacher. Häufig werden Randbedingungen der Form

$$\frac{\partial \psi}{\partial \varkappa} = 0 \quad \text{bei} \quad \varkappa = \pm L \tag{9a}$$

mit $\psi = u, v, T, p$ benutzt, falls das Prognosegebiet ausreichend groß ist. Allerdings können die Bedingungen (9a) in ungünstigen Fällen auch zu Reflexionserscheinungen führen, die das Modellergebnis spürbar beeinflussen können. Eine denkbare Alternative besteht in der Verwendung offener Randbedingungen, bei denen das Ein- oder Ausströmen von Masse oder Energie zugelassen wird. Ein solches System von Randbedingungen, das auch die numerische Stabilität garantiert, kann auf experimentellem Wege gefunden werden. Im vorliegenden Modell wird im Falle des Einströmens die Bedingung (9a) verwendet, während an Ausströmrändern eine Extrapolation der Form

$$\left(\frac{\partial \psi}{\partial \varkappa}\right)_{\pm L} = \left(\frac{\partial \psi}{\partial \varkappa}\right)_{\pm L \mp \Delta \varkappa} \tag{9b}$$

angewandt wird.

Bei der Untersuchung der LSWZ zeigt sich, daß das Gebiet, in dem die Zirkulation auftritt, nur einen kleinen Teil der Atmosphäre ausmacht. Dadurch wird es zwar prinzipiell möglich, das Integrationsgebiet so groß zu wählen, daß der Einfluß der seitlichen Ränder gering wird. Letztlich lassen sich die Einflüsse der seitlichen Randbedingungen aber nicht vollständig eliminieren. *Pearson* (1974) konnte zeigen, daß die Verwendung von Radiationsbedingungen am Rand auch für Systeme möglich ist, die Schwingungen beschreiben. Die Methode der stationären Phase erlaubt es, die Wellenlänge, die Frequenz und die Phasengeschwindigkeit zu ermitteln. Im allgemeinen ist die Phasengeschwindigkeit eine Funktion des Ortes und der Wellenzahl. Die Methode der stationären Phase gibt eine Approximation der Phasengeschwindigkeit von dominierenden Wellen in der Form $C = N^2 * L/(m^2 * T)$. Die mathematische Form der Strahlungsrandbedingung ist

$$\frac{\partial \psi}{\partial t} = -c\,\frac{\partial \psi}{\partial \varkappa} + F_M,$$

wobei ψ – die betrachtete meteorologische Variable wie etwa u, v, T oder p darstellt. Die F_M beschreiben die nicht mit Schwingungen in Verbindung stehenden Prozesse. So bedeutet z. B. (9b), daß am Rand eine individuell beschleunigungsfreie Strömung angenommen wird. Die Gleichung für die u-Komponente des Windes lautet demnach am Rand

$$\frac{\partial u}{\partial t} = -c\frac{\partial u}{\partial x} + fv_g - \frac{g}{p_*}\frac{\partial \tau}{\partial \sigma}\sigma x. \tag{9c}$$

Hierbei ist die Phasengeschwindigkeit C die Geschwindigkeit einer Welle, die ohne Energieverlust durch den Rand ausströmen kann. Diese Phasengeschwindigkeit ist positiv am rechten und negativ am linken Rand des Modells. Nach *Kikuchi* u. a. (1981) ergibt sich experimentell $c = 2{,}5\ \mathrm{m\,s^{-1}}$ als optimal für die LSWZ-Simulation.

Obere und seitliche Randbedingungen werden durch die Beschränkung des Integrationsgebietes notwendig, obwohl sie meist keinen konkreten physikalischen Hintergrund haben. Die dadurch entstehende Inhomogenität der Modellgleichungen am Rand kann zur Ausbildung lokaler Zirkulationen führen, die auf die mesoskalige Strömung selbst rückwirken können. Der untere Rand des Modells ist der einzige physikalisch reale Rand. Wegen der hauptsächlich durch die thermische Asymmetrie im betrachteten Gebiet bedingten Ausbildung der LSWZ müssen die unterschiedlichen thermischen Eigenschaften der Unterlage explizit formuliert werden. Eine Möglichkeit hierzu besteht in der Vorgabe der Bedingung für die Temperatur der Erdoberfläche. Die Oberflächentemperatur hängt von einer Reihe von Faktoren, wie der Einstrahlung, der Albedo, der Feuchtigkeit, dem turbulenten Wärmestrom und einer Reihe anderer Faktoren ab. Generell muß man zwischen der Oberflächenbeschaffenheit über dem Land und über Wasser unterscheiden. Die Wasseroberfläche zeigt im Vergleich zum Land nur eine geringe Variation der Temperatur. Daher kann die Oberflächentemperatur des Meeres als konstant angenommen werden. Für die Oberflächentemperatur über dem Land kann man im einfachsten Falle den Tagesgang in der Form

$$T_{SL}(t) = T_{SSe} + h_S\frac{\partial T}{\partial Z} + A.\ \sin(\Omega t) \tag{10a}$$

approximieren. Hierbei sind T_{SSE} die Temperatur über Wasser, h_s die Höhe der Orographie, A die Temperaturamplitude, Ω die Frequenz ($\Omega = 2\pi/t$, $t = 24$ Stunden), $\frac{\partial T}{\partial Z}$ ist der vertikale Temperaturgradient

An der Modelluntergrenze im Niveau $\sigma = 1$ werden die Bedingungen

$$u = v = w = 0 \tag{10b}$$

vorgeschrieben.

Zur Bestimmung der Bodentemperatur ist es auch möglich, die Wärmehaushaltsgleichung zu lösen (*Physick* 1976, *Anthes, Warner* 1978). Hierzu wurde das von *Kondo, Gambo* (1979) angewandte Schema benutzt, um die Temperaturänderung an der Erdoberfläche in Abhängigkeit von den wichtigsten Komponenten des Wärmehaushaltes zu ermitteln. Die Ausgangsgleichung lautet:

$$Q_{SL} = \frac{B}{B+1}(I + L + G - \sigma T_{SL}^4) \tag{11a}$$

mit B – Bowenverhältnis (Verhältnis zwischen fühlbarem und latentem Wärmestrom), I – kurzwellige Einstrahlung, L – langwellige Strahlung, G – Wärmestrom aus dem Boden, σT_{SL}^4 = langwellige Strahlung von der Erdoberfläche, σ – Stefan-Boltzmannkonstante. Folgende Approximationen werden verwendet:

$$I = (1 - A_0)\, I_0 \cos Z\, [0{,}57 - 0{,}016 e_m - 0{,}06 \log_{10} e_m + (0{,}43 + 0{,}016\, e_m)\, 10^{-0{,}13 \cos Z}] \tag{11b}$$

mit $\cos Z = \sin\varphi \sin\delta + \cos\varphi \cos\delta \cos\psi$

$$L = \sigma T_a^4 (0.52 + 0{,}064 \sqrt{e_m}) \tag{11c}$$

$$G = \varrho_s c_s k_s \left.\frac{\partial T}{\partial Z}\right|_{Z=0} \tag{11d}$$

A_0 – Albedo
I_0 – kurzwellige Einstrahlung an der Obergrenze der Atmosphäre
e_m – Dampfdruck
φ – geographische Breite
δ – Deklination der Sonne
ψ – Stundenwinkel
T_a – Temperatur in etwa 2 m Höhe

Aus der Monin-Obuchovschen Theorie ergibt sich:

$$\frac{\partial u}{\partial z} = \frac{u_*}{\varkappa Z}\Phi_M \tag{12a}$$

$$\frac{\partial T}{\partial Z} = -\frac{Q_{SL}}{\varrho c_p}\frac{1}{\varkappa u_* z}\Phi_H \tag{12b}$$

$$U = \sqrt{u^2 + v^2}$$

u – Windgeschwindigkeit
u_* – Schubspannungsgeschwindigkeit
Q_{SL} – fühlbarer Wärmestrom
$\Phi_M > \Phi_H$ – dimensionslose Funktionen unter anderem der Stabilität der Bodenschicht.

Die in der Literatur zu findenden Angaben über die universellen Funktionen Φ_M, Φ_H stimmen für labile Bedingungen recht gut überein, während die Angaben für stabile Schichtung teilweise merklich voneinander differieren. In unseren Untersuchungen wurde in Anlehnung an die Angaben bei *Kondo, Gambo* (1979) für die universellen Funktionen die Ausdrücke $\Phi_M = 1$, $\Phi_H = \Phi_M Pr^{-1}$ (Pr – turbulente Prandtlzahl) angenommen, was quasineutraler Schichtung entspricht. Über Land ergibt sich für das vertikale Windprofil somit

$$U(h) = \frac{U_*}{\varkappa} \ln \left(\frac{h}{Z_{0L}}\right) \tag{13a}$$

und für das Temperaturprofil

$$T(h) - T_{SL} = \frac{\alpha Q_{SL}}{\varrho c p \varkappa U_*} \ln \left(\frac{h}{Z_{0L}}\right). \tag{13b}$$

Aus (13) resultiert eine Näherungsform zur Bestimmung der Temperatur der Erdoberfläche T_{sl}

$$T_{SL} = T(h) + \frac{\alpha Q_{SL}}{\varrho \varkappa^2 c_p U(h)} \ln^2 \left(\frac{h}{Z_{0L}}\right) \tag{14}$$

die verwendbar ist, falls $T(h)$ und $u(h)$ im Modell verfügbar sind. Hierbei ist α ein experimentell ermittelter Koeffizient, h die Höhe der Bodenschicht, z_{0l} die Rauhigkeitshöhe über Land. Mit (11) und (14) werden T_{SL} und Q_{SL} durch einfache Iteration ermittelt. Als erster Schritt wird T_{SL} vorgegeben, Q_{SL} wird gemäß (11) berechnet und in (14) eingesetzt, um den neuen Wert der Temperatur über Land zu ermitteln. Diese Prozedur wird solange wiederholt, bis die Temperaturdifferenz zweier aufeinanderfolgender Schritte kleiner als eine vorgegebene Schranke wird.

Über Wasser wird der Wärmestrom Q_{sw} ebenfalls aus der Monin-Obuchovschen Theorie mit

$$Q_{sw} = \frac{Pr \varrho c p \varkappa U(h)}{\ln^2 (h/z_{0w})} [T_{sw} - T(h)] \tag{15}$$

errechnet. Damit wird eine ähnliche Iteration für die Bestimmung für Q_{sw} ausgeführt, wobei die Wassertemperatur T_{sw} als konstant und die Rauhigkeitshöhe z_{0W} variabel nach dem Ansatz von Charnock angenommen wird.

Zur Berechnung des Wärmestroms im Boden in Gleichung (11d) wurde in 40 cm Tiefe eine konstante Temperatur vorgegeben.

2.2.3. Anfangswerte und Parametrisierung

Zur Initialisierung der Variablen in Mesomodellen gibt es unterschiedliche Verfahrensweisen. Bei kleinen horizontalen Maßstäben ist die Relation zwischen Wind- und Massefeld sehr kompliziert. Im vorliegenden Modell werden alle Variablen als horizontal homogen angenommen. Der vertikale Temperaturgradient ist überall gleich 0.0065 K $(100\ \text{m})^{-1}$. Damit ergibt sich die Anfangstemperaturverteilung in der Form

$$T_0 (\varkappa, z) = T_{sw} - 0{,}0065\ (h_s + z) \tag{16}$$

mit T_{sw} als Temperatur der Wasseroberfläche, die sich während der Integration nicht ändert, h_s ist die Orographie. Der Wind wird geostrophisch mit $u = u_g = \text{const.}$ und $v = 0$ angenommen.

Zur Parametrisierung der turbulenten Flüsse wird im Modell das Schema von *Louis* (1979) benutzt. Die Rauhigkeitshöhe wird dabei über Land konstant mit 10 cm gesetzt und über See nach dem Ansatz von Charnock

$$Z_{0w} = 0.0032\ U_*^2/g \tag{17}$$

parametrisiert. Der horizontale Diffusionskoeffizient wird mit $K_H = 10^4\ \text{m}^2\ \text{s}^{-1}$ vorgegeben.

3. Numerische Experimente

3.1. Numerische Aspekte

Die Modellgleichungen (1)–(4) werden mit den Randbedingungen (8)–(10) sowie (16)–(17) in einer Modellatmosphäre mit einer horizontalen Ausdehnung von 350 km bei einem horizontalen Gitterpunktabstand von 7 km gelöst. Die Küste befindet sich in der Mitte des Modells. Die Modellobergrenze liegt bei einem Druck von 700 hPa. Es ist in 15 Schichten eingeteilt. Als Orographie wird eine Gauss'sche Glockenkurve mit einer Höhe von 500 m angenommen. Der Anfangswind ist in der gesamten Modellatmosphäre gleich $2\ \text{m} \cdot \text{s}^{-1}$. Über Land und See wird als Anfangstemperatur für die Modelluntergrenze 289 K vorgegeben. Diese Temperatur wird über dem Wasser konstant gehalten und über Land gemäß Gl (10a) variiert. Die genauere Simulierung diabatischer Prozesse durch die Lösung der Wärmehaushaltsgleichung wird in einer späteren Arbeit beschrieben werden.

Zur Integration der Modellgleichungen wurden folgende Verfahren benutzt:

Gitterstruktur: staggered grid, zweidimensionales Analogon des B-Gitters nach Mesinger/Arakawa

Zeitintegration: Aufspaltungsschema in Advektions-, Adjustment- und Reibungsschritt

spezielle numerische Prozeduren: horizontaler impliziter Filter mit -abhängiger Filterkonstante nach *Klemp, Lilly* (1978)

Integration der statischen Grundgleichung: Entwicklung von kubischen spline-Funktionen für $T(\sigma_*)$ und anschließende analytische Integration der statischen Grundgleichung

3.2. Modellergebnisse

Die in den folgenden Abbildungen dargestellten Ergebnisse zeigen sowohl den Einfluß des flachen Berges als auch die der thermischen und dynamischen Inhomogenität im Küstenbereich auf die sich entwickelnde Strömung. Die zeitliche Veränderlichkeit der Komponente des Windes in x-Richtung (hier nicht dargestellt) zeigt, daß sich infolge der Beeinflussung der Strömung durch den Berg zunächst eine Windverstärkung im Lee entwickelt. Mit zunehmender Temperatur über dem Land stellt sich aber eine typische LSWZ ein. Nach 8 Stunden ist die Zirkulation am stärksten entwickelt, und die Seewindfront dringt 15 km auf das Land vor. Ihre Obergrenze liegt bei 800 m, und in einer Höhe von 190 m wird mit 4 m · s^{-1} die maximale Windgeschwindigkeit erreicht. Nachmittags bewegt sich die Front in Richtung See, und die durch den Hügel hervorgerufene Beeinflussung der Strömung wird dominiert. Mit sinkender Temperatur über dem Land wird auch die Windgeschwindigkeit in den untersten Modellschichten geringer. Eine Ausnahme bilden die Verhältnisse im Lee des Hügels. Minimum der Temperatur und Minimum der Windgeschwindigkeit in Küstennähe fallen zeitlich fast zusammen.

Abb. 1 zeigt die Anfangsbedingungen für den zweiten Integrationstag. Die Entwicklung der LSWZ am zweiten Tag ist in den Abb. 2a–e enthalten. Ähnlich wie am ersten Tag wirkt der Berg als Hindernis für das Übergreifen des Seewinds in das Landesinnere. Allerdings entwickelt sich die Zirkulation schneller als am ersten Tag. Schon nach 4 Stunden (Abb. 2a) beginnt die Zirkulation, und nach 8 Stunden erreicht sie ihr intensivstes Stadium mit einem Vordringen der Seewindfront bis 18 km in das Land. Mit der Grundströmung bewegt sich das Zentrum der aufwärtsgerichteten Vertikalbewegung zum rechten Modellrand, und es entsteht eine asymmetrische Strömung (Abb. 2c). Nach 18 Stunden bleibt noch eine LSWZ in Küstennähe mit geringen horizontalen Gradienten der Windgeschwindigkeit. Die in Abb. 2e dargestellten Strömungsbedingungen nach 48 Stunden Integrationszeit zeigen eine ähnliche Situation wie zu Beginn des zweiten Integrationstages (Abb. 1).

Anhand der Temperaturverteilung wird sichtbar, wie durch die kräftigen Vertikalbewegungen oberhalb des Berges die Mischungsschicht schon nach 4 Stunden (Abb. 2a) durchbrochen wird. Damit führt die LSWZ zur Ausbildung einer stabilen Temperaturschichtung über See. Nach 12 Stunden (Abb. 2c) wird die Mischungsschicht durch starke Vertikalbewegungen nur noch über dem Meer durchstoßen. Im allgemeinen sind die Temperaturänderungen durch die horizontale Advektion und die vertikale Durchmischung bedingt. Die Mächtigkeit der Schicht, in der sich die thermischen Eigenschaften verändern, ist örtlich und zeitlich variabel. Der horizontale Druckgradient

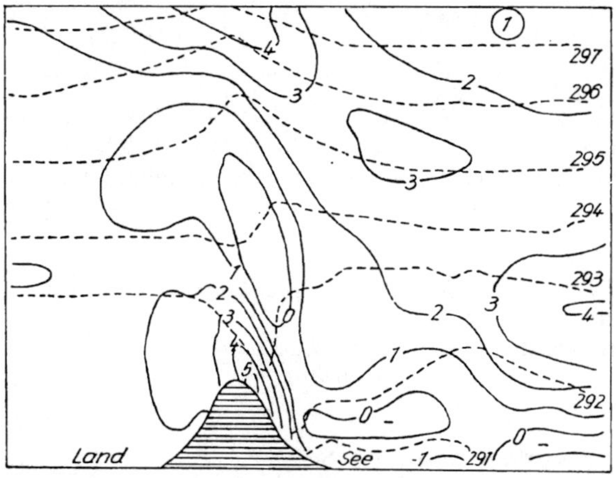

Abb. 1. Wind- und Temperaturfeld nach 24 Stunden der Integration als Anfangsfeld für den zweiten Integrationstag, —— U-Komponente, - - - Potentialtemperatur
Fig. 1. Wind and temperature distribution after 24 hours of integration time as initial field for the second day of integration (—— U-component, - - - potential temperature)

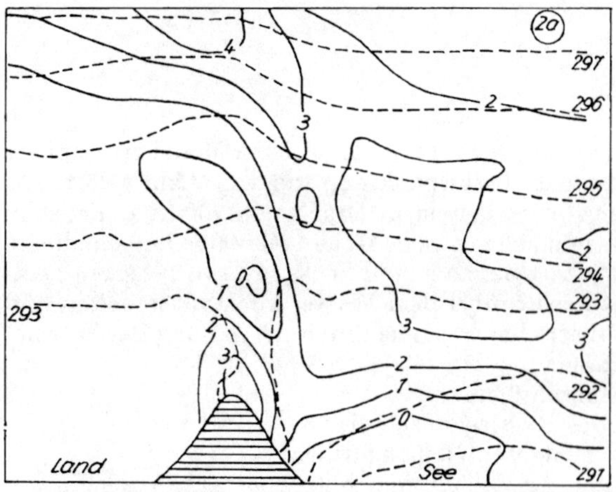

Abb. 2a. Wie in Abb. 1, nach 4 Stunden des zweiten Integrationstags
Fig. 2a Same as Fig 1, but after 4 hours of the second day of integration

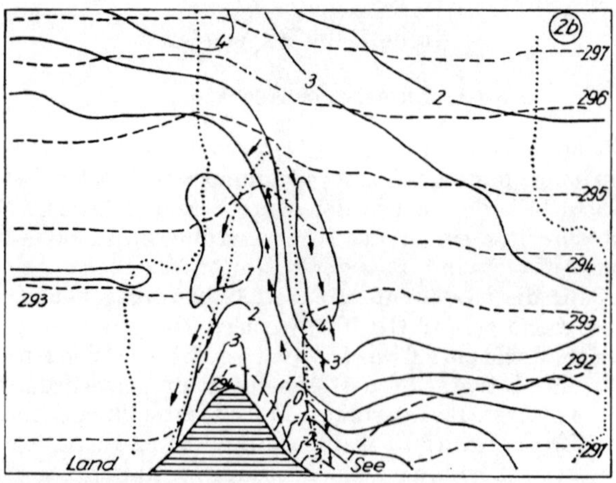

Abb. 2b. Wie in Abb. 1, nach 6 Stunden des zweiten Integrationstags, → Vertikalbewegung
Fig. 2b. Same as Fig. 1, but after 6 hours of the second day of integration, ——→ vertical motion

an der Erdoberfläche kann mittels der Temperaturverteilung und den hydrostatischen Bedingungen erklärt werden. Das Minimum des Luftdrucks findet sich immer im Gebiet der kräftigsten Aufwärtsbewegungen. Im Temperaturfeld (Abb. 2b–c) zeigt sich die Ausbildung stabiler thermischer Schichten im Lee. Der zeitliche Verlauf der Windstruktur in diesem Gebiet wird maßgeblich durch die mesoskale Entwicklung des Druckgradienten geprägt. Der geostrophische Wind vergrößert sich, und nach 8 Stunden wird über dem Berg ein Windmaximum erreicht. Dieses Maximum bewegt sich zum rechten Modellrand und schwächt sich im Laufe der Integration ab.

Blackadar zeigte, daß sich nach Sonnenuntergang die bodennahe Schicht stabilisiert und die Schubspannung die der konvektiven Schicht sprunghaft abnimmt. Da der Druckgradient jedoch nicht so rasch abnimmt, findet ein Adjustment statt, in dessen Folge der Wind übergeostrophisch werden kann. Die Entwicklung von Windmaxima über geneigtem Gelände untersuchten auch *McNider*, *Pielke* (1981) in Abhängigkeit von Erwärmung und Abkühlung der Erdoberfläche. Wenn nach Sonnenuntergang die Schubspannung merklich abnimmt, intensiviert sich der Wind

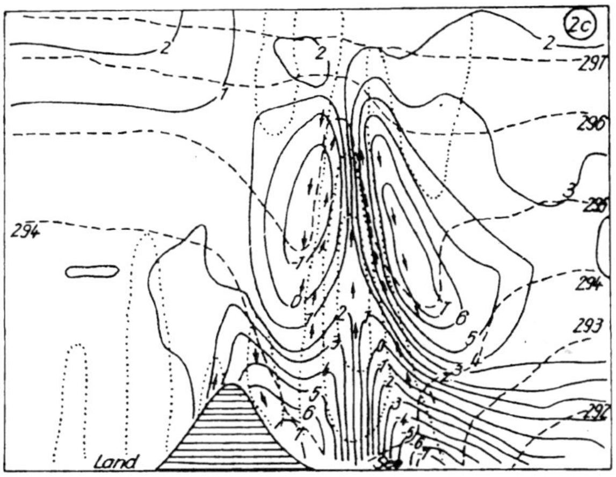

Abb. 2c. Wie in Abb. 2b, nach 12 Stunden des zweiten Integrationstags
Fig. 2c. Same as Fig. 2b, but after 12 hours of the second day of integration

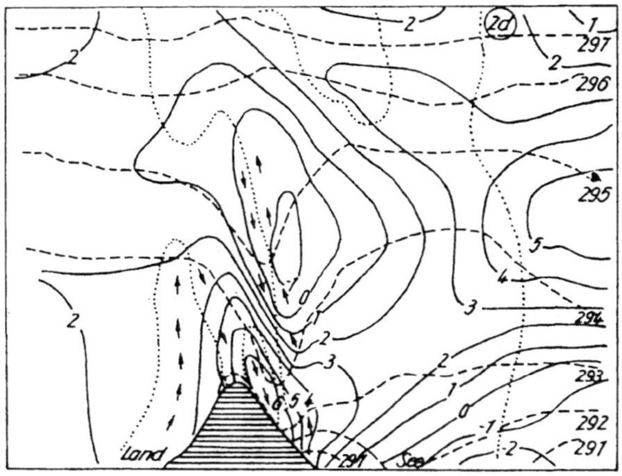

Abb. 2d. Wie in Abb. 2b, nach 18 Stunden des zweiten Integrationstags
Fig. 2d. Same as Fig. 2b, but after 18 hours of the second day of integration

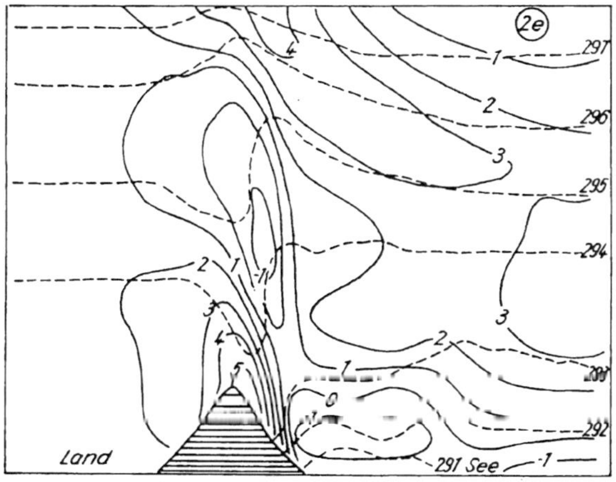

Abb. 2e. Wie in Abb 2b, nach 24 Stunden des zweiten Integrationstags
Fig. 2e. Same as Fig. 2b, but after 24 hours of the second day of integration

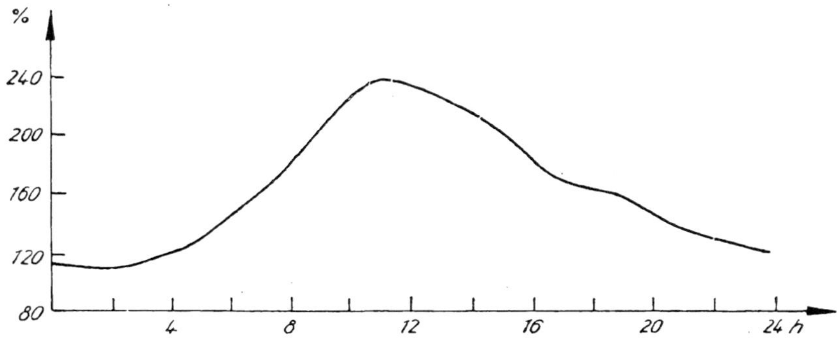

Abb. 3. Zeitliche Veränderlichkeit der mittleren kinetischen Energie MKE für den zweiten Integrationstag
Fig. 3. Temporal variation of the mean kinetic energy MKE for the second day of integration

durch Adaption an den Druckgradienten, der durch die großräumigen und mesoskalen Prozesse beeinflußt wird, und es entstehen Inertialschwingungen. Die mesoskaligen Einflüsse auf das Druckfeld werden hauptsächlich durch das orographische Hindernis hervorgerufen, so daß zum Teil beträchtliche übergeostrophische Windgeschwindigkeiten, legt man den geostrophischen Wind der großräumigen synoptischen Situation zugrunde, entstehen können. Wenn der Abhang sich in der Nacht abkühlt, wirkt der durch die Neigung bedingte thermische Wind der Druckgradientkraft entgegen. Von *McNider, Pielke* (1981) wurde gezeigt, daß die Höhe, in der sich die thermische Scherung umkehrt, eng an die Lage der nächtlichen Inversion gebunden ist.

Abb. 3 zeigt die zeitliche Veränderlichkeit der mittleren kinetischen Energie (MKE) im Modell während des zweiten Integrationstages. Die MKE ist auf den Anfangszustand (100 %) bezogen. Nach dem Sonnenaufgang nimmt sie allmählich zu und erreicht ihr Maximum etwa zwischen 11 und 12 Stunden Integrationszeit. Die dabei resultierende Strömung und Temperaturverteilung ist in Abb. 2c dargestellt. Zwischen der 16. und 18. Stunde der Integration bleibt sie nahezu konstant. In diese Zeit tritt das nächtliche Windmaximum über dem Lee auf. Die MKE nimmt danach allmählich ab und erreicht nach 24 Stunden wieder etwa den Anfangswert.

4. Schlußbemerkung

Die im Abschnitt 3.2. dargestellten Resultate demonstrieren die Möglichkeit, mit dem hier vorgestellten Modell einige wesentliche Eigenschaften der LSWZ zu simulieren. Dabei wirken sich sowohl thermische als auch dynamische Eigenschaften der Unterlage sowie die Einflüsse des Reliefs maßgeblich aus. Der flache Berg in Küstennähe wirkt auf die Zirkulation verstärkend. An der Leeseite tritt ein Windmaximum nicht nur tagsüber sondern auch nachts auf, wobei das nächtliche Maximum schwächer als das tagsüber zu verzeichnende Maximum ist. Die Ergebnisse zeigen außerdem, daß die durch das Vorhandensein der Hindernisse und der thermisch-dynamischen Inhomogenitäten an der Küste entstehenden Strömungsbilder nicht einfach durch eine Überlagerung der einzelnen Effekte erklärt werden können, sondern die untersuchten Phänomene miteinander in Wechselwirkung stehen und sich gegenseitig beeinflussen.

Literatur

Anthes, R. R., Warner, T. T.: The development of hydrostatic models suitable for air pollution and other meteorological studies, Monthly Wea. Rev. **106** (1978), 1028–1045

Asai, T.; Mitsumoto, S.: Effects of an inclined land surface on the land and sea breeze circulation, J. Meteor. Soc. Japan, **56** (1978), 559–570

Damrath, U.: Entwicklung eines Testdaten erzeugenden dynamischen Interpretationsmodells für Strömungsfelder im meso-β-Bereich, Abschlußbericht, 1983

Estoque, N. A.: A theoretical investigation of the Sea Breeze, Quart, J. Roy. Meteor. Soc., **87** (1961), 136–146

Estoque, M. A : The sea breeze as a function of prevailing synoptic situation, J. Atmosph. Sci., **19** (1962), 244–250

Kikuchi, Y., Arakawa, S., Kimura, F., Shirasaki, K. Nagano, Y.: Numerical study of the effects of mountains on the land and sea breeze circulation in the Kanto district, J. Meteor. Soc. Japan, **59** (1981), 723–738

Klemp, J. B., Lilly, D. K.: Numerical simulation of hydrostatic mountain waves, J. Atmosph. Sci., **35** (1978), 78–108

Kondo, F., Gambo, K.: The effects of the mixing layer on the sea breeze circulation and the diffusion of pollutants associated with the land-sea breeze, J. Meteor. Soc. Japan, **57** (1979), 560–575

Kostrikov, A. A., Novitzki, M. A.: Čislennye modelirovanie raspredelenija primesi v uzlovjach brizovojcirculácii, Meteor. i Gidrol. **6** (1986), 44–62

Louis, J.-F.: A parametric model of vertical eddy fluxes in the atmosphere, Boundary Layer Meteor. **17** (1979), 187–202

McNider, R.,T., Pielke, R. A.: Diurnal boundary layer development over sloping terrain, J. Atmosp. Sci. **38** (1981), 2198–2212

McPherson, R. D.: A numerical study of the effects of coastal irregularity on the sea breeze, J. Appl. Meteor. **9** (1970), 767–777

Mahrer, Y., Pielke, R. A.: The effects of topography on the sea and land breeze in a two-dimensional numerical model, Monthly. Weath, Rev. **105** (1977), 1152–1162

Martin, C., Pielke, R. A.: The adequacy of the hydrostatic assumption in sea breeze modelling over flat terrain, J. Atmosph. Sci. **40** (1983), 1472–1481

Neumann, J., Mahrer, Y.: A theoretical study of the sea breeze circulation, J. Atmosph. Sci. **28** (1971), 532–542

Neumann, J., Nahrer, Y.: A theoretical study of the sea and land breeze of a circular island, J. Atmosph. Sci. **31** (1974), 2027–2039

Onishi, G., Abara, N.: Winter land and sea breeze in the Sagami Plain, J. Meteor. Soc. Japan. **63** (1985), 238–248

Orlanski, I.: The quasihydrostatic approximation, J. Atmosph. Sci. **38** (1981), 572–582

Pielke, R. A.: A three-dimensional numerical model of the sea breeze over South Florida, Monthly. Weath. Rev. **102** (1947 a), 115–139

Pielke, R. A.: A comparison of three-dimensional and two-dimensional numerical prediction of sea breeze, J. Atmosph. Sci. **31** (1974 b) 1577–1585

Pielke, R. A., Mahrer, Y.: Verification analysis of the University of Virginia three-dimensional mesoscale model prediction over South Florida for 1 July 1973, Monthly Weath. Rev. **106** (1978), 1568–1589

Pearson, R. A.: Consistent boundary conditions for numerical models of systems that admit dispersive waves, J. Atmosph. Sci. **31** (1974), 1481–1489

Physick, W.: A numerical model of the sea breeze phenomenon over a lake or gulf, J. Atmosph. Sci. **33** (1976), 2107–2135

Wippermann, F.: The applicability of several approximations in mesoscale modeling – a linear approach, Beitr. Phys. Atmosph. **54** (1981), 298–308

Anschriften. Dr. Kieu thi Xin, Humboldt-Universität zu Berlin, Sektion Physik, Bereich Meteorologie und Geophysik, Müggelseedamm, 256, DDR Berlin, 1162

Dr. U. Damrath, Meteorologischer Dienst der DDR, Zentrale Wetterdienststelle, Gruppe Forschung, Telegrafenberg, DDR Potsdam, 1561

Manuskripteingang: 22. 12. 87

Z. Meteorol. 38 (1988) 5, 293–298

551.553.12

Model Simulations of Katabatic Wind in a Simplified Valley Topography

By H. Økland, H. Engedahl, O. Sannes

With 3 Figures

Summary: A basically two-dimensional numerical model is briefly described. It differs from other similar models known to the authors in that it allows the total width of the flow to vary. This makes a wider range of applications possible. Two cases of simulation are presented, and one of them has been compared with observations from the Alta River Valley in Norway.

Zusammenfassung: Ein im Prinzip zweidimensionales numerisches Modell wird kurz beschrieben. Im Vergleich zu anderen ähnlichen Modellen, die den Autoren bekannt sind, unterscheidet es sich dadurch, daß es die Breite der Strömung im Tal zu variieren gestattet was einen weiteren Anwendungsbereich eröffnet. Zwei Simulationsexperimente werden vorgestellt und eines davon mit Beobachtungen aus dem Tal des Flusses Alta in Norwegen verglichen.

1. Introduction

Katabatic wind, often referred to as drainage flow, is a frequently occurring phenomenon in hilly and mountainous terrain. During the cold season it may last for weeks. As a nocturnal phenomenon it occurs regularly every clear night. Therefore, in spite of moderate intensity and vertical extension, it may nevertheless be of great importance for the local climate and for air pollution dispersion.

Katabatic wind is driven chiefly by the force of gravity, acting on comparatively cold air. Accordingly, processes which cool the air, like radiation, heat conduction in the soil and turbulent fluxes, are important for its development. These processes, and especially the turbulence, depend in turn on the wind itself and the associated temperature field. In general, therefore, the katabatic wind system consists of many interacting physical processes, and can hardly be accurately simulated or predicted without the use of numerical models.

Very general three-dimensional models have been used over quite complicated topography, as, for instance, in the case reported by *Yamada* (1981). On the other hand, two-dimensional models have been applied to a topography which could be idealized as a sloping plane, unlimited in the cross-flow direction. Such conditions have been reported from the Rattlesnake Hills, Wa, USA, where katabatic wind has been simulated by *Doran* and *Horst* (1983) and *Yamada* (1983).

The model we propose is also principally two-dimensional, since the variables depend on the vertical coordinate and just one horizontal coordinate. This horizontal coordinate measures the distance along the flow. The variation across the flow is assumed to be negligible. However, the total width of the flow is allowed to vary as a function of the horizontal coordinate. Thus, in reality, the model treats the flow as a channel with variable distances between the side-walls, and constitutes a simple extension of the two-dimensional models to a somewhat more realistic terrain. Of course, such a model cannot be expected to describe a katabatic wind system over a very complicated topography. However, it provides an obvious application to valleys with comparatively steep sides and whith a flat bottom, sloping in the direction of the valley axis.

There may be complications arising from the circumstance that the air flow can be partly fed by katabatic wind coming from the valley sides. However, if the sides are steep, the air flowing down the slopes is heated adiabatically to such an extent that it never reaches the floor, but entrains the interior of the valley at higher levels. This is typically the case with a deep Alpine valley with a nearly horizontal floor which widens into a plane (*Vergeiner* and *Dreiseitl*, 1987). However, many valleys, and especially the smaller ones, do not really belong to this category. In particular, they may have a steeply inclined floor. In this case our model may be applicable, which an example described in Section 3 is intended to demonstrate.

Since turbulent fluxes of heat and momentum play such an important role, and since they interact with the flow in the manner previously mentioned, it is necessary to model the turbulence with a resaonable degree of accuracy. For this aim a prognostic version of the turbulent energy equation has been utilized. The closure assumptions are rather straight forward, and agree in their main features with many previous propositions.

2. Description of the model

Let x measure the downstream distance and $B(x)$ the width of the flow. Then, in the framework of the Boussinesq approximation, the continuity equation takes the form

$$\frac{1}{B}\frac{\partial(uB)}{\partial x}+\frac{\partial w}{\partial z}=0\,. \qquad (1)$$

Likewise, the momentum equation and the thermodynamic energy equation read

$$\frac{\partial u}{\partial t} = -u\frac{\partial u}{\partial x} - w\frac{\partial u}{\partial z} - \frac{\partial \pi}{\partial x} + \frac{\partial}{\partial z}\left(K_m \frac{\partial u}{\partial z}\right) \tag{2}$$

$$\frac{\partial \theta}{\partial t} = -u\frac{\partial \theta}{\partial x} - w\frac{\partial \theta}{\partial z} + \frac{\partial}{\partial z}\left(\alpha K_m \frac{\partial \theta}{\partial z}\right). \tag{3}$$

Here K_m and αK_m are the eddy diffusion coefficients for momentum and heat, respectively. The other symbols have he conventional meaning. The pressure is compiled from the hydrostatic equation

$$\frac{\partial \pi}{\partial z} = -g', \tag{4}$$

where $\pi = (p - p_a)/\varrho_r$ and $g' = g(\theta - \theta_a/\theta_r$. Here ϱ_r and θ_r are constant reference values of density and potential temperature, while p_a and θ_a are ambient undisturbed values of pressure and potential temperature.

The validity of the hydrostatic assumption and the neglection of the Coriolis terms will be investigated in a following paper by *Bernhardt* and *Økland* (1988).

The closure procedure involves

$$K_m = (a_4 e)^{1/2} \cdot l, \tag{5}$$

where a_4 is a constant, l a turbulent length scale computed as

$$l = \frac{kz}{1 + kz/[0.2\, h(x, t)]}, \tag{6}$$

and e, the turbulent kinetic energy per unit of mass, is computed from the prognostic equation

$$\frac{\partial e}{\partial t} = -u\frac{\partial e}{\partial x} - w\frac{\partial e}{\partial z} + K_m\left[\left(\frac{\partial u}{\varkappa z}\right)^2 - \alpha\frac{g}{\theta_r}\frac{\partial \theta}{\partial z}\right] + a_2\frac{\partial}{\partial z}\left(K_m\frac{\partial e}{\partial z}\right) - (a_3 e)^{3/2}/l. \tag{7}$$

Here k is von Karman's constant and α, a_2, a_3 and a_4 are other constants which must be determined empirically. We have used values found in the literature: $k = 0.35$ and $\alpha = 1.35$ (*Businger* et al., 1971), $a_2 = 1$ and $a_3 = a_4 = 0.2$ (*Nieuwstadt* and *Driedonks*, 1979). In (6), the thickness of the turbulent boundary layer, $h(x, t)$, is in this model determined as the height of the lowest gridpoint where e is reduced by at least an order of magnitude at the next point above; in other words, $e_k > 10 \cdot e_{k+1}$ where e_k is the energy at gridpoint k counted from the ground. In many similar studies l depends on a stability parameter, like the Obukhov length. We have not found our results to be significantly different when such an approach was tested.

The bottom boundary condition is based on the similarity theory. Surface roughness length was 0.3 cm in the case studies. In boundary layer modelling the 3 first terms and the fifth term in (7), are often neglected, in which case e may be computed diagnostically. However, we feel that the terms should be kept in applications where the advective time scale, $d/|u|$, may be of the same order as the turbulence time scale, $l/e^{1/2}$. Here d is a characteristic horizontal scale length, i.e. the horizontal distance between neighbouring gridpoints. In the simulations reported in Section 3, the two time scales had maximun values of about 50 s and 30 s, respectively.

The above equations are formulated in Cartesian coordinates. For computational convenience we use the auxiliary vertical coordinate proposed by *Pielke* and *Mahrer* (1975),

$$z^* = H_M(z - H(x))/(H_T - H(x)).$$

Here $H(x)$ is the ground elevation, H_T the height of the model top, in this paper assumed to be fixed, and H_M is the mean depth, i.e. the mean value of $H_T - H(x)$ over the lenght of the model.

Written in this oblique system, the equations contain additional terms. The complete equations may be found in the Appendix.

The ground surface temperature, θ_s, which serves as a boundary condition, may be computed from a balance between the radiation, the turbulent heat flux and the heat conduction in the ground. This has not yet been implemented. Instead, the ground is kept at a constant temperature, lower than the initial temperature of the air.

Different types of upper boundary conditions have been implemented and tested. In this paper we use the most satisfactory one, which assumes a horizontal "lid" at fixed height H_T, requiring $w = \pi = 0$ here. In order to ensure that w, derived from (1), satisfies both the upper and the lower boundary condition, a simple adjustment procedure has been implemented. The method, presumably similar to the one indicated by *Yamada* (1981), consists of correcting all u values in a column by the same amount to obtain $w = 0$ at the top. The procedure starts at the downstream end and proceeds successively upstream.

In the examples described in Section 3, the model is initially at rest and the wind developes as a result of horizontal pressure gradients in the central part of the model. In this case, gridpoint values at the two lateral boundaries are obtained by linear interpolation from the values one and two gridpoints inside from the boundary.

So-called upstream approximations to the derivatives are used to compute the advective terms. Diffusion terms are computed by a DuFort and Frankel scheme.

Results presented in this paper are based on a grid containing 41×41 points, equally spaced in the x and z^* coordinates. The horizontal distance of gridpoints is determined so as to give a total length of 4 km in the first case and 6 km in the second case, while the top was 250 m above the lowest ground level in both cases.

3. Some results

We now show two examples of katabatic flow simulation. In both cases a vertical temperature profile is prescribed initially. The integration starts from rest, and is continued until a comparatively stationary condition is reached.

The first example (Figure 1) is intended to demonstrate the katabatic wind which may be expected in the case of a strong nocturnal inversion, which is prescribed initially, and strengthened somewhat during the integration (the ground was 10 K colder than the air). The ground elevation H and the width B are drawn on Figure 1a as functions of the horizontal distance x. Note that, according to the model formulation, only the relative variation of the width is relevant.

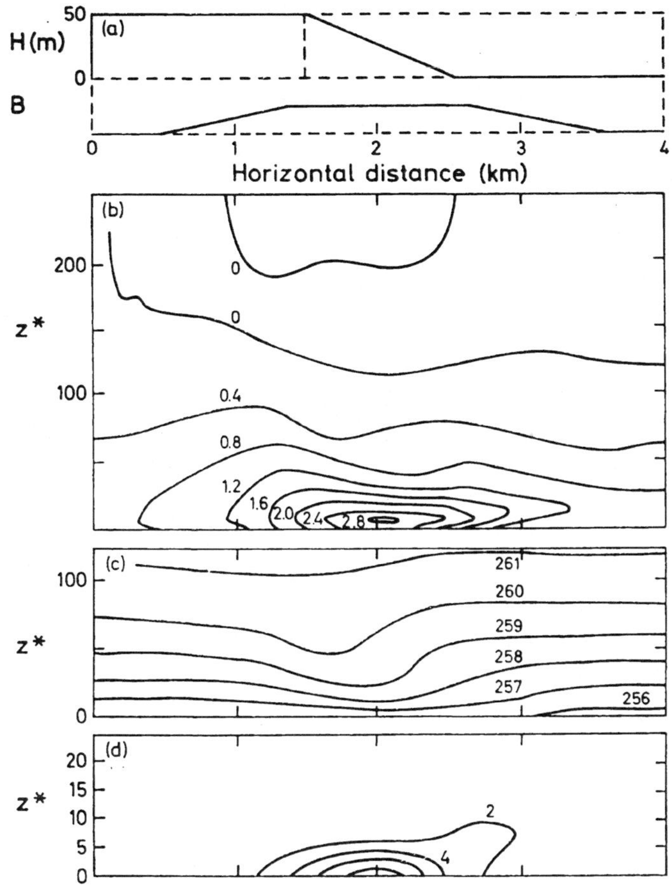

Fig. 1. Results from an experiment with a slope in a narrow part of the channel, as indicated in (a), where the upper part pictures the ground elevation and the lower part indicates the relative width of the channel, both as functions of horizontal distance. Horizontal wind velocity ($m \cdot s^{-1}$) is shown in (b). The vertical coordinate is here and in the following cross sections $z^* H_M [z-H] [H_T-H]$ where H_t (250 m) is the height of the rigid model top, H_m is the elevation of the ground and H the mean depth. Potential temperature is pictured in (c), while (d) shows the turbulent kinetic energy per kilogramme (10^{-2} $m^2 s^{-2}$).

Abb. 1. Ergebnisse aus einem Experiment mit einem Hang im engen Teil des Kanals, gemäß (a), wo der obere Teil die Bodenerhebung und der untere Teil die relative Breite des Kanals angibt. In beiden Fällen handelt es sich um Funktionen der horizontalen Entfernung. Die horizontale Windgeschwindigkeit ($m \cdot s^{-1}$) ist in (b) zu sehen. Die Vertikalkoordinate hier und in den folgenden Querschnittsdarstellungen $z^* = H_M (z-H)/(H_T-H)$, wo H_t (250 m) die Höhe der starren Modelloberseite ist, H_m die Höhe des Bodens und H die mittlere Tiefe. Die potentielle Temperatur ist in (c) dargestellt, und (d) gibt die turbulente kinetische Energie pro Kilogramm ($10^{-2}m^2s^{-2}$) wieder.

As indicated by the Figure 1, there is a slope in the middle of the channel with a height difference of 50 m between the two horizontal parts at each end. Also, the channel has a narrow part in the middle, reducing the width by a factor of 1/2.

The initial temperature is chosen in agreement with Yamada's empirical formula for nocturnal inversions (*Yamada*, 1979). We have assumed that the inversion top, where the temperature equals ambient air temperature, is anywhere at 200 m above the ground, while the air near the ground is 5 K colder. Since the temperature at the upstream end changed very little during the integration, the initial inversion may be inferred from the values at the left-hand end of Fig. 1c. Chosen in this way, there will be a horizontal temperature gradient in the air over the slope, and an associated pressure gradient which accelerates the air. The general idea behind this configuration has been that identical inversions develop upstream and downstream, chiefly caused by divergence of long-wave radiation and very little influenced by the weak wind.

Figures 1b–1d show the result after 20 minutes of simulated time. Note that the oblique coordinate used in the computation is pictured as a rectangular system. This means, for instance, that values at the ground surface of variable height are found along the bottom horizontal line on the Figure.

Apparently, the maximum wind speed is located over the slope at a very small height above the ground (Figure 1b). Downstream of the slope the speed decreases, partly because of friction, but mostly in response to the widening of the flow. Here the level of maximum wind is at a somewhat greater height.

The isentropes pictured in Figure 1c show another consequence of the changing lateral dimension of the flow. Where the flow becomes more narrow, the air is accelerated because of a pressure gradient produced by tilting isentropes. In the widening parts of the flow the tilt is opposite, as might be expected. However, the configuration is not symmetric.

Finally, Figure 1d shows the turbulent kinetic energy. The energy is seen to spread to greater heights over the bottom of the slope. This is mostly a consequence of the fact that the static stability, according to Figure 1c, is comparatively low in this area, while the wind shear is strong. The vertical advection contributes very little.

The second simulation is designed to reproduce the katabatic wind in a Norwegian valley (Figure 2). The Alta River, running through the valley (from left to right in the Figure), forms two lakes, which are ice-covered during the cold season. There is a height difference of 15 m between the lakes, and the river goes through a narrow canyon while flowing from the upper to the lower one. On connection with a hydroelectric power plant a controversial dam will raise the water level of the lower lake, and its effect on the local climate has been questioned. For this reason, measurements of wind and temperature are being taken at different heights in the canyon. We have tried to simulate the drainage of cold air through the canyon. The model is adjusted to the 6 km long part of the valley between the two thin lines across the valley (see Figure 2). Inital values of temperature were taken from a tethes-ronde-registration at the upstream end of the higher lake, on a typical winter morning with light winds. This temperature profile was used both over the upper and the lower lake, just as in the previous case. The cooling by turbulent fluxes was of minor importance in this simulation (the ground was only 5 K colder than the air). The height of the valley floor (including the ice on the lakes), and the width of the valley, are again indicated in Figure 3a. The simulation is seen to be in general agreement with the observed values (in square brackets). Three regular observing stations, 8, 50 and 60 km from the canyon, reported clear sky and no wind, indicating that the geostrophic wind was very weak.

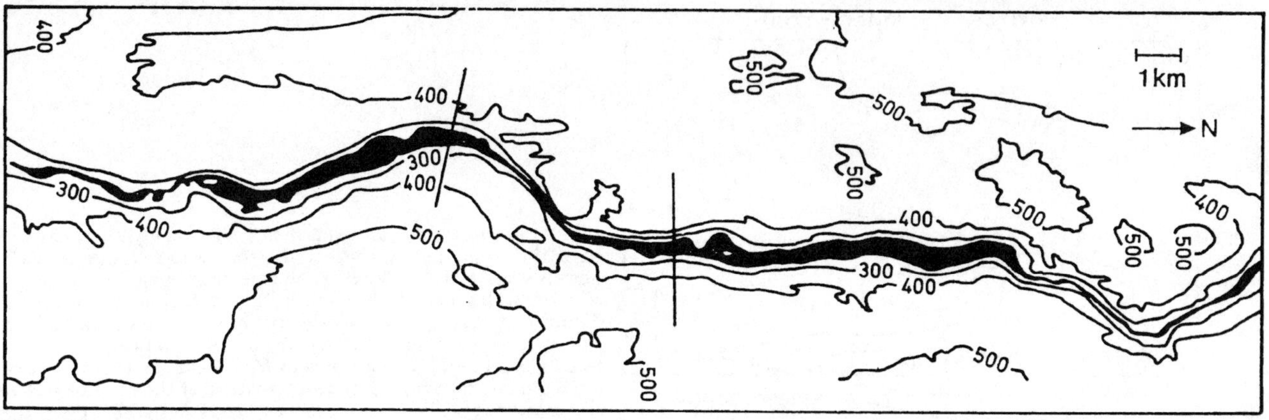

Fig. 2. The Alta River with its valley. The part of the valley subject to model simulation is located between the two straight lines across the valley.

Abb. 2. Der Fluß Alta und sein Tal. Der in die Modell-Simulation einbezogene Teil des Tales liegt zwischen den beiden quer zum Tal liegende Geraden.

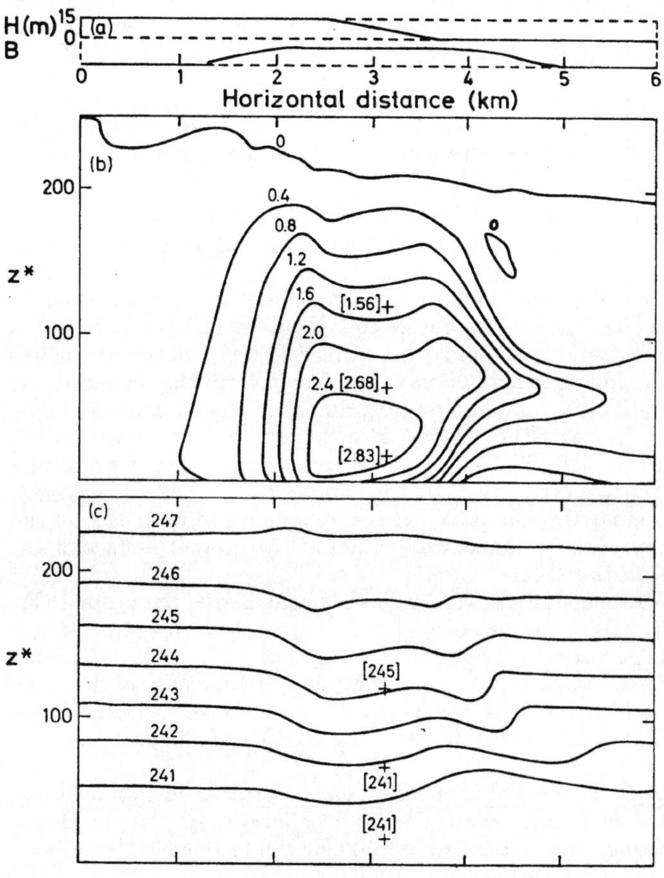

Fig. 3. Similar to Figure 1, but from a simulation of the wind in the Alta Valley (Figure 2). The crosses show measuring sites, and the measurements on March 5, 1987 at 6 o'clock in the morning are in square brackets.

Abb. 3. Ähnlich wie Abb. 1, jedoch aus einer Simulation des Windes im Alta-Tal (Abb. 2). Die Kreuze zeigen die Meßstellen an; die am 5. März, um 6 Uhr morgens durchgeführten Messungen stehen in eckigen Klammern.

Results obtained after 2 hours of simulated time are given in Figures 2b–3c. An interesting feature by the last simulation is that the level of maximum wind is lifted to about 70 m over the lower end of the canyon where the valley widens and gives space for the lower lake. Actually, the wind drops almost to zero at a very low height above the ground. In the same location there is a characteristic configuration of the temperature field (Figure 3c), showing low static stability just above the wind maximum. Furthermore, the turbulent kinetic energy (not shown) has a strong maximum (6×10^{-2} m^2s^{-2}) in the same area. These surprising features have as yet not been verified by observations in the appropriate places. Actually, the integrations became unstable in this location and eventually broke down. We do not know if this was caused by numerical insufficiencies of the model or if it indicated dynamic instability. We note, that hydraulic theory predicts the possibility of a hydraulic jump just in this location where the widening of the flow, together with friction and the horizontal ground, cause a strong reduction of the velocity. Assuming that the wind is moderately supercritical over the slope where it has its maximum, it certainly is reduced to a subcritical value further downstream, and a jump will result. That the wind really is supercritical somewhere is not easily verified, but a rough estimate based on a two-layer approximation indicates that this is probably the case.

4. Conclusion

This study is based on a model which, in mathematical terms, is two-dimensional, and yet has the capability of taking into account certain aspects of a realistic terrain. In a sense, the katabatic wind has been treated like the flow of water in a river. This is quite natural since there are obvious similarities between the drainage of water and of cold air over a hilly topography. However, just like natural rivers, many complicated features of the katabatic wind cannot be treated satisfactorily by such a simple approach. Still, we think that many interesting characteristics may be investigated in this framework. An example is the possibility of hydraulic jumps which we have touched upon. This phenomenon is thought to be the explanation of certain dramatic wind shifts along the Antarctic coast (*Ball*. 1957) but may very well be a quite common characteristics of katabatic flow at much smaller scales.

Acknowledgement

This study was sponsored by the Council of Natural Science Recearch in Norway.

Appendix

Derivation of the equations in the oblique coordinate system

The definition of the terrain-following vertical coordinate is repeated here for convenience:

$$z^* = H_M\,(z - H(x))/\,(H_T - H(x)) \tag{A1}$$

In the original derivation by *Pielke* and *Mahrer* (1975), H_T may vary in space and time if the top surface is chosen to be material. However, in the derivation presented below it is considered to be a constant, in accordance with the simulations presented in this study. Transformation formulas are easily derived, for instance

$$\frac{\partial z^*}{\partial z} = \frac{H_M}{H_T - H(x)} \tag{A2}$$

$$\frac{\partial z^*}{\partial x} = \frac{-(H_M - z^*)\,H'(x)}{H_T - H(x)} \tag{A3}$$

and, if F is any function of x, z and t

$$\frac{\partial F}{\partial z} = \frac{\partial z^*}{\partial z}\,\frac{\partial F}{\partial z^*} \tag{A4}$$

$$\left(\frac{\partial F}{\partial x}\right)_z = \left(\frac{\partial F}{\partial x}\right)_{z^*} + \frac{\partial z^*}{\partial x}\,\frac{\partial F}{\partial z^*} \tag{A5}$$

where the derivatives of z^* may be computed by means of (A2) and (A3). Using these formulas, the equations (1), (2), (3), (4) and (7) become

$$\frac{1}{B}\,\frac{\partial(uB)}{\partial x} + \frac{\partial w^*}{\partial z^*} - \frac{uH'(x)}{H_T - H(x)} = 0 \tag{A6}$$

$$\frac{\partial u}{\partial t} = -u\,\frac{\partial u}{\partial x} - w^*\,\frac{\partial u}{\partial z^*} - \frac{\partial \pi}{\partial x} - \frac{\partial z^*}{\partial x}\,\frac{\partial \pi}{\partial z^*} + \left(\frac{\partial z^*}{\partial z}\right)^2 \frac{\partial}{\partial z^*}\left(K_m\,\frac{\partial u}{\partial z^*}\right) \tag{A7}$$

$$\frac{\partial \theta}{\partial t} = +u\,\frac{\partial \theta}{\partial x} - w^*\,\frac{\partial \theta}{\partial z^*} + \left(\frac{\partial z^*}{\partial z}\right)^2 \frac{\partial}{\partial z^*}\left(\alpha K_m\,\frac{\partial \theta}{\partial z^*}\right) \tag{A8}$$

$$\frac{\partial \pi}{\partial z^*} + \frac{\partial z}{\partial z^*}\,g' = 0 \tag{A9}$$

$$\frac{\partial e}{\partial t} = +u\,\frac{\partial e}{\partial x} - w^*\,\frac{\partial e}{\partial z^*} + K_m\left[\left(\frac{\partial z^*}{\partial z}\,\frac{\partial u}{\partial z^*}\right)^2 - \alpha\,\frac{g}{\theta_r}\,\frac{\partial z^*}{\partial z}\,\frac{\partial \theta}{\partial z^*}\right] + a_2\left(\frac{\partial z^*}{\partial z}\right)^2 \frac{\partial}{\partial z^*}\left(K_m\,\frac{\partial e}{\partial z^*}\right) - (a_3 e)^{3/2}/l \tag{A10}$$

Here $H'(x)=\frac{\mathrm{d}H(x)}{\mathrm{d}x}$ and the partial derivatives with respect to x and t are by constant z^*. Moreover,

$$w^*=\frac{H_M}{H_T-H(x)}\,w-\frac{H_M-z^*}{H_T-H(x)}\,H'(x)\,. \tag{A 11}$$

References

Ball, F. K., 1957: The katabatic winds of Adelie Land and King George V land. Tellus, **9**, 201–208.

Bernhardt, K-H. and *Økland, H.*, 1988: On the application of the hydrostatic approximation and the neglect of Coriolis effects in small scale katabatic flow modelling. Z. Meteorol., to be published

Businger, J. A., Wyngaard, J. C., Izumi, Y. and *Bradley, E. F.*, 1971: Flux-profile relationships in the atmospheric surface layer. J. Atmos. Sci., **28**, 181–189.

Doran, J. C. and *Horst, T. W.*, 1983: Observations and models of simple nocturnal slope flows. J. Atmos. Sci., **40**, 708–717.

Manins, P. C. and *Sawford, B. L.*, 1979: A model of katabatic winds. J. Atmos. Sci, **36**, 619–630.

Nieuwstadt, F. T. M. and *Driedonks, A. G. M.*, 1979: The nocturnal boundary layer: A case study compared with model calculations. J. Appl. Meteor., **18**, 1379–1405.

Pielke, R. A., and *Mahrer, Y.*, 1975: A numerical study of the air flow over mountains using the two-dimensional version of the University of Virginia mesoscale model. J. Atmos. Sci., **32**, 2144–2155.

Vergeiner, I., and *Dreiseitl*, E., 1987: Valley winds and slope winds. Observations and elementary thoughts. Meteorol. Atmos. Phys., **36**, 264–286.

Yamada, T., 1979: Prediction of the nocturnal surface inversion height. J. Appl. Meteor., **18**, 526–531.

Yamada, T., 1981: A numerical simulation of nocturnal drainage flow. J. Meteor. Soc. Japan, **59**, 108–122.

Yamada, T., 1983: Simulations of nocturnal drainage flows by a q^2l turbulence closure model. J. Atmos. Sci., **40**, 91–106.

Addresses: Professor, dr. philos. Hans Økland, Universitetet i Oslo, Institutt for geofysikk, Postboks 1022 Blindern, 0315 OSLO 3, Norway.
Cand. scient. Harald Engedahl, Det norske meteorologiske institutt, Postboks 320 Blindern, 0314 OSLO 3, Norway.
Cand. scient. Ola Sannes, Det norske Veritas, Postboks 300, 1322 HØVIK, Norway.

Manuskripteingang: 15. 1. 1988

Buchbesprechung

Beiträge zur Meereskunde (Institut für Meereskunde der AdW der DDR), Heft 56, Akademie-Verlag, Berlin 1987. Mit 82 Seiten, 72 Abb. und 9 Tab. ISBN 3-05-500264-4, ISSN 0067-5148. Preis 24,– M

Die sieben im Heft enthaltenen Arbeiten überstreichen ein breites Spektrum ozeanologischer Problemstellungen.

Unter den vier ostseebezogenen Beiträgen verdient die von *H. U. Lass, R. Schwabe, M. Matthäus* und *E. Francke* vorgelegte Arbeit „Zur Dynamik des Wasseraustausches zwischen Nord- und Ostsee" (S. 27–49, in Engl.) besondere Aufmerksamkeit. Es handelt sich um wesentliche Ergebnisse des mit internationaler Unterstützung durchgeführten Forschungsprogramms WEDS des Instituts für Meereskunde zur Aufklärung des Wasseraustausches vornehmlich im Bereich der Darßer Schwelle. Die Arbeit enthält vor allem die Analyse und Interpretation von Strömungsregistrierungen, die in Verbindung mit dem korrespondierenden Wassertransport zu neuen Einsichten über die Strömungs- und Salzgehaltsdynamik im Untersuchungsgebiet, aber auch über die Wasserstandsvariationen im Zeitbereich von magn. 1 bis 10 Tagen in der Ostsee führen.

Von aktuellem Interesse für den Zustand der Ostsee ist auch die Kurzmitteilung über „Haupteinstromfälle in die Ostsee während dieses Jahrhunderts" (S. 81–82. in Engl.) von *H. Franck, W. Matthäus* und *R. Sammler*. Neben einer Gesamtübersicht der definierten starken Einstromfälle werden die Hauptparameter der 10 intensivsten Ereignisse mitgeteilt.

H. Prandke und *A. Stips* kommen in der Arbeit „Zur unterschiedlichen Ausprägung der Mikrostruktur von Temperatur und Salzgehalt in thermohalinen Sprungschichten" (S. 65–72) zu interessanten Beispielen der unterschiedlichen Wirkung von molekularer Diffusion und Leitung auf die Mikrostruktur im vertikalen Maßstab kleiner 17 cm: m Bereich der westlichen Ostsee.

A. Irmisch legt erstmalig „Untersuchungen über die gelösten Kohlenhydrate in der Ostsee" (S. 19–26) vor, wobei besonders auf den Jahresgang dieses Bestandteils der marinen Nahrungskette eingegangen wird.

Beispielhaft für eine enge Verbindung von Messung und Experiment ist nach Ansicht des Rezensenten die in internationaler Zusammenarbeit entstandene Arbeit „Strömungsspektren am Äquator" (S. 3–18, in Engl.) von *W. Fennel, D. Halpern* und *H. U. Lass.* Im Ergebnis der allgemeinen theoretischen Lösung des Problems der Anregung von Strömungen in Äquatornähe durch den Wind, die auf der Anwendung der Greenschen Funktion beruht, werden Energiedichtespektren der Zonal- und Meridionalkomponente der Strömung für verschiedene Tiefen berechnet und eine gute Übereinstimmung mit nach Meßdaten berechneten Spektren unter Berücksichtigung bestimmter Parameter für Dissipation und Windfeld gefunden. Die Ergebnisse sind geeignet, die komplizierte Dynamik äquatornaher Seegebiete theoretisch weiter zu durchdringen.

D. Nehring und weitere 15 Autoren berichten über „Ergebnisse ozeanologischer Untersuchungen im Moçambique-Kanal im Februar/März 1980" (S. 51–63, in Engl.). Mitgeteilt werden die angetroffenen dynamischen Verhältnisse im Seegebiet sowie Fakten zum begleitenden Nährstoffregime und biologische Befunde. Die Diskussion erfolgt vor dem Hintergrund der meteorologischen Verhältnisse, die zur Zeit der Expedition angetroffen wurden.

„Zum Zusammenhang zwischen dem spektralen Remissionskoeffizienten und den inhärenten optischen Eigenschaften des Ozeanwassers" (S. 73–80, in Engl.) äußert sich *H. Siegel* in Erweiterung einer vorausgegangenen Arbeit (H. 55). Wenn die inhärenten optischen Eigenschaften nur durch das reine Meerwasser und das Phytoplankton einschließlich dessen Derivate bestimmt sind, kann ein einfacher Zusammenhang mit der spektralen Remission angenommen werden. Die Ergebnisse dieses Beitrages sind für die Fernerkundung von Chlorophyll u. a. Substanzen im Ozean von erheblicher Bedeutung.

P. Hupfer

Z. Meteorol. 38 (1988) 5, 299–307

551.511.3
551.511.6

On a Simple Flux-Corrected Transport Algorithm for the Solution of the Advection-Diffusion Equation in the Case of Predominant Advection

By R. Lehmann

Summary: A simple Flux-Corrected Transport (FCT) algorithm is for the solution of the advection-diffusion equation in the case of predominant advection presented. Its computationa lexpenditure is similar to *Smolarkiewics's* scheme; both algorithms are compared theoretically and by numerical tests.

Zusammenfassung: Für die Lösung der Advektions-Diffusions-Gleichung im Falle überwiegender Advektion wird aus der Klasse der FCT („Flux-Corrected Transport")-Verfahren ein Vertreter vorgestellt, der in Bezug auf den numerischen Aufwand dem Diskretisierungsschema von *Smolarkiewicz* ähnelt. Beide Verfahren werden sowohl theoretisch, als auch mittels numerischer Testbeispiele miteinander verglichen.

Резюме: Для решения уравнения переноса и диффузии в случае преобладающего переноса рассматривается простой алгоритм ("Flux-Corrected Transport"). Метод подобен схеме *Смоларкиевича*; проведено сравнение обоих методов с теоретическими рассуждениями и численными экспериментами.

1. Introduction

The present paper deals with the numerical solution of the advection-diffusion equation in the case of predominant advection. An important example of such a process is the transport of air pollutants by advection and horizontal diffusion. In general, they are described by a two-dimensional partial differential equation. The solution of that equation can be replaced by the solution of one-dimensional equations if the method of "time splitting" (or "fractional steps") is applied (e.g. *Janenko* 1969). That is why in the present paper we consider only the one-dimensional advection-diffusion equation

$$\frac{\partial c}{\partial t}+\frac{\partial}{\partial x}(uc)=\frac{\partial}{\partial x}\left(K\frac{\partial c}{\partial x}\right), \tag{1}$$

where $c(x, t)$ = concentration of a scalar quantity,
$u(x, t)$ = advection velocity,
$K(x, t)$ = diffusion coefficient.

We start from the case of pure advection ($K=0$):

$$\frac{\partial c}{\partial t}+\frac{\partial}{\partial x}(uc)=0\,. \tag{2}$$

A huge number of schemes for the solution of equation (2) have been proposed and tested (e.g. *Boris/Book* 1973 and 1979, *Boris/Book/Hain* 1975, *Chock/Dunker* 1983, *Crowley* 1968, *Eagan/Mahoney* 1972, *Hinrichsen* 1982, *Kadyshnikov/Losev* 1986, *Long/Pepper* 1981, *Pekar* 1985, *Purnell* 1976, *Schere* 1983, *Schneider* 1981, *Smolarkiewicz* 1983, *Zalesak* 1979). They cover a rather wide range of computational costs and, correspondingly, numerical accuracy. Therefore, the choice of a special scheme depends on the conditions of its application (computer time available for the solution, accuracy requirements, knowledge about the "degree of smoothness" of the initial values etc.). In the present paper we are looking for an algorithm which can be applied, for instance, in an Eulerian air pollution transport model containing a large number of grid points. We require the following properties:

a) low computer time consumption,
b) positive definiteness, i.e. the algorithm transforms non-negative (initial) concentrations into non-negative concentrations,
c) satisfactory accuracy, above all, for "real" atmospheric conditions, i.e. for initial concentration distributions similar to a superposition of Gaussian plumes (thus having "moderate" gradients) and in the case of "moderate" diffusion (if applied to (1)).

The algorithm investigated here belongs to the class of FCT (Flux-Corrected Transport) methods. As "FCT is a technique, not a differencing scheme or a specific algorithm" (*Book* et al. 1975), it is possible to create individual FCT methods adapted to the specific conditions of their application. Because of requirement a) above we "invent" a rather simply structured algorithm; it is constructed in such a way that requirement b) is satisfied. The accuracy of the method (requirement c)) is estimated by numerical tests (Section 3). As the algorithm proposed and the advection scheme of *Smolarkiewicz* (1983) have a similar structure, it is "fair" to compare the results obtained by these two methods. Moreover, a theoretical comparison of the two algorithms provides some insight into the properties of *Smolarkiewicz*'s scheme (Sections 2.1 and 4).

2. The Scheme of *Smolarkiewicz* and a Simple FCT Algorithm for Solving the Advection Equation

We suppose that the differential equation (2) is discretized on the spatial grid $\{x_k = k \cdot \Delta x, k=1, \ldots, n\}$ and the advection velocity u is given at the points $\left\{x_{k+\frac{1}{2}} = \left(k+\frac{1}{2}\right) \cdot \Delta x,\ k=0, \ldots, n\right\}$ ("staggered grid"). We use the denotations c_k for an approximation to $c(x_k, t)$, $\hat{c}_k$ for an approximation to $c(x_k, t+\Delta t)$, $u_{k+\frac{1}{2}}$ for $u(x_{k+\frac{1}{2}}, t)$ etc.

At first we rewrite (2) in the following form:

$$\frac{\partial c}{\partial t} + \frac{\partial F}{\partial x} = 0 \tag{3}$$

$$F = u \cdot c \tag{4}$$

A finite-difference approximation to equation (3) is in "flux (or conservation) form" (*Zalesak* 1979) if it can be written in the form

$$\frac{\hat{c}_k - c_k}{\Delta t} + \frac{F_{k+\frac{1}{2}} - F_{k-\frac{1}{2}}}{\Delta x} = 0, \quad k=1, \ldots, n, \tag{5a}$$

or, equivalently,

$$\hat{c}_k = c_k + f_{k-\frac{1}{2}} - f_{k+\frac{1}{2}} \tag{5b}$$

with
$$f_{k+\frac{1}{2}} := \frac{\Delta t}{\Delta x} F_{k+\frac{1}{2}}, \quad k=0, \ldots, n. \tag{6}$$

Independently of the approximations $F_{k+\frac{1}{2}}$ to $F(x_{k+\frac{1}{2}}, t)$, the conservation equation

$$\sum_{k=1}^{n} \hat{c}_k = \sum_{k=1}^{n} c_k$$

is satisfied if the boundary conditions $F_{\frac{1}{2}} = F_{n+\frac{1}{2}} = 0$ are applied. (This can be easily proved by summing up equation (5b) for $k=1, \ldots, n$.)

Expressing $F_{k+\frac{1}{2}}$ in (5a) by $c_i, \hat{c}_i, i=1, \ldots, n$, and $u_{i+\frac{1}{2}}, t=0, \ldots, n$, we obtain a concrete integration scheme. For instance, the explicit upstream advection scheme is defined by

$$F_{k+\frac{1}{2}} = \begin{cases} u_{k+\frac{1}{2}} \cdot c_k & \text{if } u_{k+\frac{1}{2}} \geqq 0 \\ u_{k+\frac{1}{2}} \cdot c_{k+1} & \text{if } u_{k+\frac{1}{2}} < 0 . \end{cases} \tag{7}$$

The scheme of *Smolarkiewicz* as well as the simple FCT algorithm we are going to investigate are based on this simple explicit upstream advection scheme. The well-known stability condition for this scheme is

$$\gamma_{k+\frac{1}{2}} \leqq 1, \quad k=0, \ldots, n, \tag{8}$$

with
$$\gamma_{k+\frac{1}{2}} := \frac{\Delta t}{\Delta x} |u_{k+\frac{1}{2}}| \text{ (COURANT number).}$$

If all $u_{k+\frac{1}{2}}$, $k=0, \ldots, n$, have the same sign, then (8) is also sufficient for the positive definiteness of the explicit upstream advection scheme. In the case of arbitrary signs of $u_{k+\frac{1}{2}}$, $k=0, \ldots, n$, an appropriate sufficient condition is

$$\gamma_{k+\frac{1}{2}} \leqq \frac{1}{2}, \quad k=0, \ldots, n. \tag{9}$$

(The last assertions can be easily proved by combining (5b), (6), and (7)). The insufficiency of (8) in the case of arbitrary signs can be seen, for instance, from the example $u_{k+\frac{1}{2}} = -u_{k-\frac{1}{2}} = \frac{\Delta x}{\Delta t}$ which yields $\hat{c}_k = -c_k$.)

The explicit upstream advection scheme is a first-order scheme. In the case of uniform flow (u=const) it approximates, with second-order accuracy, the following equation (cf. *Smolarkiewicz* 1983):

$$\frac{\partial c}{\partial t} + \frac{\partial}{\partial x}(uc) = \frac{\partial}{\partial x}\left(\widetilde{K}\, \frac{\partial c}{\partial x}\right), \tag{10}$$

where $$\tilde{K} := \frac{1}{2}(|u|\,\Delta x - \Delta t \cdot u^2)$$
$$= \frac{\Delta x^2}{\Delta t} \cdot \frac{1}{2}\left(\frac{\Delta t}{\Delta x}|u| - \frac{\Delta t^2}{\Delta x^2}u^2\right)$$
$$= \frac{\Delta x^2}{\Delta t} \cdot \frac{1}{2}\gamma(1-\gamma) \tag{11}$$

with $\gamma := \frac{\Delta t}{\Delta x}|u|$ (COURANT number).

The term $\frac{\partial}{\partial x}\left(\tilde{K}\frac{\partial c}{\partial x}\right)$ represents the numerical diffusion inherent to the scheme. It produces substantial numerical errors; but, on the other hand, it is important for the stability and positive definiteness of the scheme. In Smolarkiewicz's method as well as in the simple FCT algorithm proposed, the numerical diffusion is partially removed in a so-called "anti-diffusion step". This is done in such a way that all concentration values computed are non-negative. For this, starting from the approximate solution $\hat{c}_k$, $k=1, \ldots, n$, obtained in (5), an improved solution $\hat{\hat{c}}_k$ is computed by applying once more a scheme in "conservation form":

$$\frac{\hat{\hat{c}}_k - \hat{c}_k}{\Delta t} + \frac{\hat{F}_{k+\frac{1}{2}} - \hat{F}_{k-\frac{1}{2}}}{\Delta x} = 0\,, \quad k=1, \ldots, n, \tag{12a}$$

$$\hat{F}_{\frac{1}{2}} = \hat{F}_{n+\frac{1}{2}} = 0 \tag{13a}$$

or, equivalently,

$$\hat{\hat{c}}_k = \hat{c}_k + \hat{f}_{k-\frac{1}{2}} - \hat{f}_{k+\frac{1}{2}} \tag{12b}$$

$$\hat{f}_{\frac{1}{2}} = \hat{f}_{n-\frac{1}{2}} = 0 \tag{13b}$$

with $$\hat{f}_{k+\frac{1}{2}} := \frac{\Delta t}{\Delta x}\hat{F}_{k+\frac{1}{2}}\,, \quad k=0, \ldots, n.$$

Specifying the "anti-diffusive fluxes" $\hat{F}_{k+\frac{1}{2}}$ we obtain a concrete integration scheme. The "anti-diffusion step" of both the schemes mentioned above is based on a suitable approximation of the differential equation

$$\frac{\partial \hat{c}}{\partial t} = -\frac{\partial}{\partial x}\left(\tilde{K}\frac{\partial \hat{c}}{\partial x}\right), \tag{14}$$

which represents a "reversion of the numerical diffusion".

2.1. The Scheme of *Smolarkiewicz*

To derive Smolarkiewicz's scheme, equation (14) is rewritten in the form

$$\frac{\partial \hat{c}}{\partial t} + \frac{\partial}{\partial x}\left(\left[\tilde{K}\frac{\partial \hat{c}}{\partial x} \cdot \frac{1}{\hat{c}}\right]\hat{c}\right) = 0\,, \tag{15}$$

i. e.

$$\frac{\partial \hat{c}}{\partial t} + \frac{\partial}{\partial x}(\tilde{u}\hat{c}) = 0\,, \tag{16}$$

where $\tilde{u} := \tilde{K}\frac{\partial \hat{c}}{\partial x} \cdot \frac{1}{\hat{c}}$ ("anti-diffusion velocity").

Equation (15) can be discretized analogously to (2) by applying (5) and (7). Thus, the corresponding fluxes $\hat{F}_{k+\frac{1}{2}}$ or $\hat{f}_{k+\frac{1}{2}}$, respectively, are given by

$$\hat{f}_{k+\frac{1}{2}} = \begin{cases} \frac{\Delta t}{\Delta x}\tilde{u}_{k+\frac{1}{2}}\hat{c}_k & \text{if } \tilde{u}_{k+\frac{1}{2}} \geqq 0 \\ \frac{\Delta t}{\Delta x}u_{k+\frac{1}{2}}\hat{c}_{k+1} & \text{if } \tilde{u}_{k+\frac{1}{2}} < 0 \end{cases} \tag{17}$$

where

$$\tilde{u}_{k+\frac{1}{2}} = \tilde{K}_{k+\frac{1}{2}}\left.\frac{\partial \hat{c}}{\partial x}\right|_{x=x_{k+\frac{1}{2}}} \cdot \frac{1}{\hat{c}_{k+\frac{1}{2}}}. \tag{18}$$

Applying the approximations

$$\left.\frac{\partial \hat{c}}{\partial x}\right|_{x=x_{k+\frac{1}{2}}} \approx \frac{\hat{c}_{k+1}-\hat{c}_k}{\Delta x} \tag{19}$$

and

$$\hat{c}_{k+\frac{1}{2}} \approx \frac{\hat{c}_k+\hat{c}_{k+1}}{2} \tag{20}$$

we obtain

$$\tilde{u}_{k+\frac{1}{2}} = \frac{\Delta x^2}{\Delta t} \cdot \frac{1}{2} \gamma_{k+\frac{1}{2}} (1-\gamma_{k+\frac{1}{2}}) \frac{\hat{c}_{k+1}-\hat{c}_k}{\Delta x} \cdot \frac{2}{\hat{c}_k+\hat{c}_{k+1}}. \tag{21}$$

If the stability condition (8) for the explicit upstream advection step is satisfied, i.e. $0 \leqq \gamma_{k+\frac{1}{2}} < 1$, then from (21) follows:

$$\tilde{u}_{k+\frac{1}{2}} \geqq 0 \quad \text{holds if and only if } \hat{c}_{k+1} \geqq \hat{c}_k .$$

Thus, (17) yields

$$\hat{f}_{k+\frac{1}{2}} = \frac{\Delta t}{\Delta x} \tilde{u}_{k+\frac{1}{2}} \min\{\hat{c}_k, \hat{c}_{k+1}\}$$

and together with (21):

$$\hat{f}_{k+\frac{1}{2}} = \frac{1}{2} \gamma_{k+\frac{1}{2}} (1-\gamma_{k+\frac{1}{2}}) \cdot (\hat{c}_{k+1}-\hat{c}_k) \cdot \frac{2 \min\{\hat{c}_k, \hat{c}_{k+1}\}}{\hat{c}_k+\hat{c}_{k+1}} \tag{22}$$

(In order to avoid a division by zero in the case $\hat{c}_k = \hat{c}_{k+1} = 0$, *Smolarkiewicz* replaced the sum $\hat{c}_k + \hat{c}_{k+1}$ in (22) by $\hat{c}_k + \hat{c}_{k+1} + \varepsilon$, e.g. $\varepsilon = 10^{-5}$.)

Because of (12b) a sufficient condition for non-negative values $\hat{\hat{c}}_k$, $k=1, \ldots, n$, is

$$\hat{f}_{k+\frac{1}{2}} \leqq \frac{1}{2} \hat{c}_k \tag{23a}$$

$$\hat{f}_{k-\frac{1}{2}} \geqq -\frac{1}{2} \hat{c}_k , \tag{23b}$$

which is fulfilled if

$$|\hat{f}_{k\pm\frac{1}{2}}| \leqq \frac{1}{2} \hat{c}_k . \tag{24}$$

The scheme of *Smolarkiewicz* satisfies this (sufficient) condition: From (22) we obtain

$$|\hat{f}_{k+\frac{1}{2}}| = |\gamma_{k+\frac{1}{2}} (1-\gamma_{k+\frac{1}{2}})| \cdot \left|\frac{\hat{c}_{k+1}-\hat{c}_k}{\hat{c}_{k+1}+\hat{c}_k}\right| \min\{\hat{c}_k, \hat{c}_{k+1}\} \leqq \frac{1}{4} \hat{c}_k \quad \text{and} \quad \leqq \frac{1}{4} \hat{c}_{k+1} , \tag{25}$$

since $\gamma_{k+\frac{1}{2}} (1-\gamma_{k+\frac{1}{2}}) \leqq \frac{1}{4}$, $|\hat{c}_{k+1}-\hat{c}_k| \leqq |\hat{c}_{k+1}+\hat{c}_k|$

$$\min\{\hat{c}_k, \hat{c}_{k+1}\} \leqq \hat{c}_k \quad \text{and} \quad \leqq \hat{c}_{k+1} .$$

A comparison of (24) and (25) shows that the "anti-diffusive fluxes" $F_{k+\frac{1}{2}}$ or $f_{k+\frac{1}{2}}$, respectively, can be increased by a factor of 2 without destroying the positive definiteness of the scheme. However, in general, an increase by a factor of 4, as stated by *Smolarkiewicz* (1983), is not possible: For each such factor $S > 2$ there exist concentration distributions c_k, $k=1, \ldots, n$, which produce negative values $\hat{c}_k$. To demonstrate this, we choose an $\varepsilon > 0$ with $2+4\varepsilon < S$ and consider the case $\gamma_{k+\frac{1}{2}} = \frac{1}{2}$, $k=0, \ldots, 5$, for the following concentration distribution:

k	1	2	3	4	5
c_k	2	2ε	0	$2+2\varepsilon$	0
$\Rightarrow \hat{c}_k$	1	$1+\varepsilon$	ε	$1+\varepsilon$	$1+\varepsilon$

From this we obtain (cf. (22)):

$$\hat{f}_{3\frac{1}{2}} = S \cdot \frac{1}{2} \cdot \frac{1}{2} \cdot \left(1-\frac{1}{2}\right) (1+\varepsilon-\varepsilon) \frac{2 \min\{\varepsilon, 1+\varepsilon\}}{\varepsilon+1+\varepsilon}$$

$$= S \cdot \frac{1}{4} \cdot \frac{\varepsilon}{1+2\varepsilon}$$

$$\hat{f}_{2\frac{1}{2}} = -S \cdot \frac{1}{4} \cdot \frac{\varepsilon}{1+2\varepsilon}$$

$$\begin{aligned}\hat{\hat{c}}_3 &= \hat{c}_3 + \hat{f}_{2\frac{1}{2}} - \hat{f}_{3\frac{1}{2}} \\ &= \varepsilon - 2 \cdot S \cdot \frac{1}{4} \cdot \frac{\varepsilon}{1+2\varepsilon} \\ &= \varepsilon - \frac{S}{2+4\varepsilon}\,\varepsilon \\ &< 0, \text{ since } 2+4\varepsilon < S.\end{aligned}$$

2.2. The Simple FCT Algorithm

Equation (14) has the same structure as (3); therefore, it can be discretized according to (5) $\left(\text{with } F \triangleq \tilde{K}\,\frac{\partial \hat{c}}{\partial x},\ \frac{\partial \hat{c}}{\partial x} \approx \frac{\hat{c}_{k+1} - \hat{c}_k}{\Delta x}\right)$. We obtain:

$$\begin{aligned}\hat{F}_{k+\frac{1}{2}} &= \tilde{K}_{k+\frac{1}{2}} \cdot \frac{\hat{c}_{k+1} - \hat{c}_k}{\Delta x} \\ &= \frac{\Delta x^2}{\Delta t} \cdot \frac{1}{2}\,\gamma_{k+\frac{1}{2}}\,(1-\gamma_{k+\frac{1}{2}})\,\frac{\hat{c}_{k+1} - \hat{c}_k}{\Delta x},\end{aligned} \tag{26a}$$

i.e.

$$\hat{f}_{k+\frac{1}{2}} = \frac{1}{2}\,\gamma_{k+\frac{1}{2}}\,(1-\gamma_{k+\frac{1}{2}})\,(\hat{c}_{k+1} - \hat{c}_k) \tag{26b}$$

The "anti-diffusive fluxes" in (26) correspond to a "reversion of the numerical diffusion" by means of explicit integration of (14). The corresponding stability condition $\tilde{K}\,\frac{\Delta t}{\Delta x^2} \leq \frac{1}{2}$ is satisfied if stability for the explicit upstream advection scheme is assumed (cf. (11) and (8)). However, negative concentration values $\hat{\hat{c}}_k$ can be produced. That is why the fluxes in (26) should be modified, or "corrected" – this "correction" of fluxes giving the name for the FCT ("Flux-Corrected Transport") technique. A rather simple way of modifying the fluxes consists of combining formula (26b) with the sufficient condition (23a, b):

$$\hat{f}_{k+\frac{1}{2}} = \begin{cases} \frac{1}{2}\,\hat{c}_k & \text{if } \hat{\varphi}_{k+\frac{1}{2}} > \frac{1}{2}\,\hat{c}_k \\ -\frac{1}{2}\,\hat{c}_{k+1} & \text{if } \hat{\varphi}_{k+\frac{1}{2}} < -\frac{1}{2}\,\hat{c}_{k+1} \\ \hat{\varphi}_{k+\frac{1}{2}} & \text{else} \end{cases} \tag{27}$$

where

$$\hat{\varphi}_{k+\frac{1}{2}} = \frac{1}{2}\,\gamma_{k+\frac{1}{2}}\,(1-\gamma_{k+\frac{1}{2}})\,(\hat{c}_{k+1} - \hat{c}_k).$$

2.3. Application to the Advection-Diffusion Equation

What we have done up to now can be interpreted as follows: Equation (2) is equivalent to

$$\frac{\partial c}{\partial t} = \left[-\frac{\partial}{\partial x}(uc) + \frac{\partial}{\partial x}\left(\tilde{K}\,\frac{\partial c}{\partial x}\right)\right] + \left[-\frac{\partial}{\partial x}\left(\tilde{K}\,\frac{\partial c}{\partial x}\right)\right]. \tag{28}$$

We have solved this differential equation by the method of "time splitting" (or "fractional steps" – cf. *Janenko* 1969) and, for this special application, *Pekar* 1985), approximating first

$$\frac{\partial c}{\partial t} = -\frac{\partial}{\partial x}(uc) + \frac{\partial}{\partial x}\left(\tilde{K}\,\frac{\partial c}{\partial x}\right) \tag{29}$$

(in the explicit upstream advection step)

and then

$$\frac{\partial \hat{c}}{\partial t} = -\frac{\partial}{\partial x}\left(\tilde{K}\,\frac{\partial \hat{c}}{\partial x}\right) \tag{30}$$

(in the "anti-diffusion step").

Let us now consider the case of the occurrence of physical diffusion, i.e. equation (1). The latter is equivalent to

$$\frac{\partial c}{\partial t}=\left[-\frac{\partial}{\partial x}(uc)+\frac{\partial}{\partial x}\left(\tilde{K}\frac{\partial c}{\partial x}\right)\right]+\left[-\frac{\partial}{\partial x}\left((\tilde{K}-K\frac{\partial c}{\partial x}\right)\right]. \tag{31}$$

If we apply "time splitting" as above, equation (30) has to be replaced by

$$\frac{\partial \hat{c}}{\partial t}=-\frac{\partial}{\partial x}\left[(\tilde{K}-K)\frac{\partial \hat{c}}{\partial x}\right]. \tag{32}$$

This means that in the "anti-diffusion step" only the portion of numerical diffusion that exceeds physical diffusion is "reversed". (If $K>\tilde{K}$, this step becomes a "real" diffusion step – here we suppose "moderate" physical diffusion which does not violate the stability criterion of the integration method; for a comparison of the magnitude of atmospheric diffusion and numerical "pseudo-diffusion" we refer the reader to *Sheih/Ludwig* 1985). Accordingly, $\tilde{K}$ should be replaced by $\tilde{K}-K$ in the "anti-diffusion step" of the two schemes introduced in 2.1 and 2.2. For Smolarkiewicz's scheme we obtain

$$\hat{f}_{k+\frac{1}{2}}=\hat{\varphi}_{k+\frac{1}{2}}\frac{2\min\{\hat{c}_k,\hat{c}_{k+1}\}}{\hat{c}_k+\hat{c}_{k+1}} \tag{33}$$

and for the FCT algorithm

$$\hat{f}_{k+\frac{1}{2}}=\begin{cases}\frac{1}{2}\hat{c}_k & \text{if } \hat{\varphi}_{k+\frac{1}{2}}>\frac{1}{2}\hat{c}_k\\ -\frac{1}{2}\hat{c}_{k+1} & \text{if } \hat{\varphi}_{k+\frac{1}{2}}<-\frac{1}{2}\hat{c}_{k+1}\\ \hat{\varphi}_{k+\frac{1}{2}} & \text{else}\end{cases} \tag{34}$$

where

$$\hat{\varphi}_{k+\frac{1}{2}}:=\left[\frac{1}{2}\gamma_{k+\frac{1}{2}}\left(\frac{1}{2}-\gamma_{k+\frac{1}{2}}\right)-K\frac{\Delta t}{\Delta x^2}\right](\hat{c}_{k+1}-\hat{c}_k). \tag{35}$$

However, such an extension of Smolarkiewicz's scheme should be applied rather carefully, since originally this method was not invented for such applications.

3. Numerical Tests

The following two-dimensional test examples A–C and D have been taken from *Smolarkiewicz* (1983) and *Kadyshnikov/Losev* (1986), respectively (but have been normalized so that $\Delta x=\Delta y=1$, $\Delta t=1$):

A) Grid: 100×100 grid points

Wind field: $u_{ij}=-\omega\,(j-50.5)$

$v_{ij}=\omega\,(i-50.5)$

$\omega=0.01\approx\frac{2\pi}{628}$

(Rotation around the centre of the grid)

Initial concentration:

$$\overset{\circ}{c}_{ij}=c_{\max}\cdot\max\left\{0,1-\frac{\sqrt{(i-75)^2+(j-50)^2}}{15}\right\}$$

$c_{\max}=100$

(Cone with base radius 15)

B) Grid, wind field: as in A

$$\overset{\circ}{c}_{ij}=c_{\max}\cdot\exp\left(-\frac{(i-75)^2+(j-50)^2}{\sigma^2}\right)$$

$\sigma^2=100$

(Gaussian distribution)

C) Grid, wind field: as in A

$$\overset{\circ}{c}_{ij}=\begin{cases}c_{\max} & \text{if } 65\leqq i\leqq 85 \text{ and } 40\leqq j\leqq 60\\ 0 & \text{else}\end{cases}$$

(Parallelepiped)

D) Grid: 33×33 grid points

Wind field: $u_{ij} = -\omega\,(j-17)$

$v_{ij} = \omega\,(i-17)$

$$\omega = \frac{2\pi}{144}$$

$$\overset{\circ}{c}_{ij} = c_{\max} \cdot \max\left\{0,\ 1 - \frac{\sqrt{(i-17)^2+(j-9)^2}}{4}\right\}$$

(Cone with base radius 4)

The following examples include diffusion; they have been constructed in such a way that an analytical solution can be derived:

E) Grid, wind field: as in A

Initial concentration: as in B (Gaussian distribution)

Diffusion: $K = 0.16$ (This diffusion coefficient reduces the maximum concentration by a factor of 2 during the computation.)

F) Grid, wind field: as in A

$$\overset{\circ}{c}_{ij} = \begin{cases} c_{\max} & \text{if} \quad i=75,\ j=50 \\ 0 & \text{else} \end{cases}$$

(Point source)

$K = 0.16$

G) As in F, but $K = 0.08$

H) Grid, wind field: as in D

$$c_{ij} = c_{\max} \cdot \exp\left(-\frac{(i-17)^2+(j-9)^2}{\sigma^2}\right)$$

$\sigma^2 = 10$

(Gaussian distribution)

$K = 0.017$ (This diffusion coefficient reduces the maximum concentration by a factor of 2 during the computation.)

In all examples, fluxes across the model boundaries were assumed to vanish. 144 iterations (one full rotation) were carried out in the tests D and H, 157 iterations (a quarter rotation) in the remaining tests.

The scores for estimating numerical errors have been taken from *Smolarkiewicz* (1983) (but have been normalized):

$$\text{MAX} := 100 \cdot (\max_{i,j} \hat{\hat{c}}_{ij})/(\max_{i,j} \bar{c}_{ij})$$

$$\text{MS} \;:= 100 \cdot (\sum_{i,j} \hat{\hat{c}}_{ij}^2)/(\sum_{i,j} \bar{c}_{ij}^2)$$

where $\hat{\hat{c}}_{ij}$ and $\bar{c}_{ij}$ denote the computed and analytical solution, respectively, (at grid point (i, j), after the number of iterations indicated above). "Ideal values" are MAX = 100 and MS = 100. The results of the tests carried out for Smolarkiewicz's scheme and the simple FCT algorithm (both in "time splitting" form) are contained in the following table:

Test	Initial condition	Grid	Diffusion	*Smolarkiewicz* MAX	*Smolarkiewicz* MS	FCT MAX	FCT MS
A	Cone	100×100	No	73.3	78.6	91.2	99.4
B	Gaussian	100×100	No	76.9	76.7	99.7	99.8
C	Epiped	100×100	No	99.9	67.0	132.5	88.9
D	Cone	33×33	No	16.6	16.0	58.3	62.8
E	Gaussian	100×100	Yes	117.0	116.1	100.0	100.0
F	Point	100×100	Yes	133.8	131.9	100.0	100.0
G	Point	100×100	Yes	107.6	106.9	99.7	99.8
H	Gaussian	33×33	Yes	49.4	47.8	92.3	96.3

4. Comparison of the Schemes Presented

For a theoretical comparison of the two schemes presented we consider equations (33) and (34). A second-order approximation to the differential equation (1) would require

$$\hat{f}_{k+\frac{1}{2}} = \hat{\varphi}_{k+\frac{1}{2}}\,.$$

In Smolarkiewicz's scheme (cf. (33)) the flux $\hat{\varphi}_{k+\frac{1}{2}}$ is always damped, namely by the factor

$$\varrho := \frac{2\min\{\hat{c}_k,\ \hat{c}_{k+1}\}}{\hat{c}_k + \hat{c}_{k+1}} \leq 1\,. \tag{36}$$

If $\hat{\varphi}_{k+\frac{1}{2}} \neq 0$, then $\hat{c}_{k+1} \neq \hat{c}_k$ (cf. (35)), which yields $\varrho < 1$ (cf. (36)).

The FCT algorithm presented damps the flux $\hat{\varphi}_{k+\frac{1}{2}}$ only if strong concentration gradients occur. This can be seen in (34) and (35): $\hat{\varphi}_{k+\frac{1}{2}}$ is modified only if its absolute value, which is proportional to $|\hat{c}_{k+1}-\hat{c}_k|$, is greater than $\frac{1}{2}\hat{c}_k$ or $\frac{1}{2}\hat{c}_{k+1}$. Thus, for example, in the case $\gamma_{k+\frac{1}{2}}=\frac{1}{2}$, $K=0$, we obtain from (34) and (35):

$$\hat{f}_{k+\frac{1}{2}}=\begin{cases}\frac{1}{2}\hat{c}_k & \text{if} \quad \hat{c}_{k+1}>5\hat{c}_k \\ -\frac{1}{2}\hat{c}_{k+1} & \text{if} \quad \hat{c}_k<5\hat{c}_{k+1} \\ \hat{\varphi}_{k+\frac{1}{2}} & \text{else}\end{cases} \tag{37}$$

Let us now consider the case of pure advection ($K=0$): As in the FCT algorithm the "anti-diffusive fluxes" $\hat{\varphi}_{k+\frac{1}{2}}$ are less damped than in Smolarkiewicz's scheme, we expect a smaller numerical ("net") diffusion. This is confirmed by the numerical tests A–D: The FCT algorithm produces a higher (and thus more correct) sum of the squares of concentration values (MS) and a higher maximum concentration (MAX). The latter implies an improvement (in comparison with Smolarkiewicz's method) in the examples A, B, D. However, in test C the maximum concentration computed is too high. This can happen because the FCT algorithm presented here involves "one-sided flux correction" (cf. *Boris/Book* 1975), i.e. only concentration minima are controlled (here in order to remain non-negative). Nevertheless, the occurrence of such an "over-shooting" in test C seems to be acceptable since the initial conditions ("Parallelepiped") are far from real atmospheric conditions (cf. requirement c in Section 1).

Now we pass on to the case of occurring physical diffusion ($K\neq 0$): If it is smaller than the numerical diffusion, the assertions concerning the case $K=0$ remain valid (cf. test H). If it is greater than the numerical diffusion, all relations are reversed: In the FCT algorithm the diffusion is less damped than in Smolarkiewicz's scheme; that is why the FCT method produces a larger ("net") diffusion, which implies a smaller sum of squares of concentration values (MS) and a smaller maximum concentration (MAX) (tests E–G). In theses tests the FCT algorithm has provided results much better than those obtained by Smolarkiewicz's scheme. But, as the latter was originally created only for pure advection, we have to interpret these results correctly as follows: The FCT algorithm can be easily applied in the case of moderate physical diffusion, whereas such an extension of Smolarkiewicz's scheme is not so promising.

We compared the FCT algorithm with Smolarkiewicz's scheme since these two methods have a similar structure; for results of further comparisons we refer the reader to *Smolarkiewicz* (1983) and *Kadyshnikov/Losev* (1986), where examples A and D were applied: For instance, in test D the Lax-Wendorff scheme produces a value of MAX=49 and a minimum concentration of $-20\,c_{\max}$!

In order to estimate the computational expenditure of the two schemes investigated in this paper, we consider (33) and (34) again: The computation of $\hat{f}_{k+\frac{1}{2}}$ in the FCT algorithm involves one more "if – then" operation (as compared with Smolarkiewicz's scheme), but avoids the division (and the addition) occurring in (33). The FCT algorithm consumes about 95 % of the computational time required by Smolarkiewicz's method.

5. Conclusion

Summarizing, we can say that the simple FCT algorithm constructed to solve the advection equation is rather modest in consuming computer time. That is why, concerning its accuracy, it cannot compare with more complex FCT methods as, for example, SHASTA. However, it yields satisfactory results in cases which are near to atmospheric conditions and compares very well with methods of similar computational expenditure, as, e.g., Smolarkiewicz's scheme. It guarantees non-negative concentration values and the conservation of advected material (if the corresponding boundary conditions are applied). Its modification to solve the advection-diffusion equation (in the case of predominant advection) is straightforward.

References

Boris, J. P., Book, D. L., 1973: Flux Corrected Transport. I: SHASTA, a fluid transport algorithm that works. J. Comput. Physics **11**, 38–69.

Boris, J. P., Book, D. L., Hain, K., 1975: Flux Corrected Transport. II: Generalizations of the method. J. Comput. Physics **18**, 248–283.

Boris, J. P., Book, D. L., 1976: Flux Corrected Transport. III: Minimal-error FCT algorithms. J. Comput. Physics **20**, 397–431.

Chock, D. P., Dunker, A. M., 1983: A comparison of numerical methods for solving the advection equation. Atmos. Environment **17**, 11–24.

Crowley, W. P., 1968: Numerical advection experiments. Mon. Wea. Rev. **96**, 1–11.

Eagan, B., Mohoney, J. R., 1972: Numerical modeling of advection and diffusion of urban area source pollutants. J. Appl. Meteor. **11**, 312–322.

Hinrichsen, K., 1982: The straightforward numerical treatment of the time-dependent advection in air pollution problems and its verification. Atmos. Environment **16**, 2391–2399.

Janenko, N. N., 1969: Die Zwischenschrittmethode zur Lösung mehrdimensionaler Probleme der mathematischen Physik. Lecture Notes in Mathematics **91**, Springer-Verlag, Berlin–Heidelberg–New York.

Long, P. E., Pepper, D. W., 1981: An examination of some simple numerical schemes for calculating scalar advection. J. Appl. Meteor. **20**, 146–156.

Purnell, D. K., 1976: Solution of the advective equation by upstream interpolation with a cubic spline. Mon. Wea. Rev. **104**, 42–48.

Schere, K. L., 1983: An evalution of several numerical advection schemes. Atmos. Environment **17**, 1897–1907.

Schneider, H.-R., 1984: A numerical transport scheme which avoids negative mixing rations. Mon. Wea. Rev. **112**, 1206–1217.

Sheih, C. M., Ludwig, F. L., 1985: A comparison of numerical pseudodiffusion and atmospheric diffusion. Atmos. Environment 19, 1065–1068.

Smolarkiewicz, P. K., 1983: A simple positive definite advection scheme with small implicit diffusion. Mon. Wea. Rev. **111**, 479–486.

Zalesak, S. T., 1979: Fully multidimensional flux-corrected transport algorithms for fluids. J. Comput. Physics **31**, 335–362.

Кадышников, В. М., Лосев, В. М., 1986: О точности численного решения двумерного уравнения переноса. Мет. и Гид. № 9, 51–58.

Пекарь, М. И., 1985: Консервативные конечно-разностные схемы с минимизацией аппроксимационной вязкости для уравнения переноса и диффузии примеси в атмосфере. ЕМЕП/МСЦ-В (Москва), Технический отчет I/85.

Address: Dr. Ralph Lehmann, Meteorologischer Dienst der DDR, Zentrale Wetterdienststelle, Michendorfer Chaussee 23, Potsdam, DDR - 1561

Manuskripteingang: 15. 10. 1987

Buchbesprechungen

Fein, Jay S. und Pamela L. Stephens (Hrsg.): **Monsoons** (Monsune), John Wiley and Sons, Inc., New York, Chichester. Brisbane, Toronto, Singapore, 1987, 632 S., 205 Abb., 41 Tab. Preis £ 71.75

Unter den in jüngster Zeit erschienenen Monographien bzw. Artikelsammlungen zum Thema Monsune nimmt das hier zu besprechende Werk einen besonderen Platz ein. Gemeinsam hat es mit vergleichbaren Editionen, daß unter „Monsun" hauptsächlich der Indische Sommermonsun verstanden wird und andere Aspekte monsunaler Zirkulation nur randlich betrachtet werden. Es unterscheidet sich darin, daß hier der Versuch unternommen wird, die außerordentlich vielgestaltigen und tiefgreifenden Einflüsse des Monsunregimes auf sozioökonomische Prozesse und auf die Kultur der betroffenen Länder (auch hier wieder steht Indien im Vordergrund) darzustellen.

Dem damit angesprochenen weiten Leserkreis auch außerhalb der Meteorologie wird das Buch mit einer gelungenen elementaren Einführung in die Physik der Monsune gerecht *(P. J. Webster)*. Auf etwa 100 Seiten werden der Monsun in der indischen Literatur *(K. Singh)*, der Nationalkultur *(F. Zimmermann)*, in Bauernregeln *(B. J. Murton)* sowie ökonomische Aspekte der Variabilität des Monsuns *(R. K. Sah* und *M. S. Swaminathan)* behandelt. Die verbleibenden fast 500 Seiten sind der meteorologischen Seite des behandelten Phänomens gewidmet. Dabei wird der Leser zunächst in willkommen ausführlicher und anregender Weise von den antiken und mittelalterlichen Quellen *(B. A. Warren)* über die Anfänge der modernen Meteorologie *(G. Kutzbach)* hin zum heutigen, gesicherten Wissensstand geführt *(J. A. Young)* bevor die aktuellsten Probleme der Monsunforschung angesprochen werden. Hier berichten *J. E. Kutzbach* über paläoklimatische Ergebnisse, *P. J. Webster*, *T. Murakami* und *R. A. Knox* über Wechselwirkungen mit verschiedenen anderen Klimaschwankungen und -faktoren sowie *J. Shukla* über die interanuellen Schwankungen der Monsunintensität, wobei auch außerordentlich wertvolle lange Datensätze präsentiert werden. Nach diesem, zu wesentlichen Teilen dem physikalischen Verständnis des asiatischen Monsunsystems dienenden Teil wird abschließend die Vorhersage des Monsuns behandelt. Dazu gibt *T. N. Krishnamurti* einen Überblick über die Nutzung numerischer Modelle zur Monsunvorhersage im Mittelfristzeitraum, während *J. Shukla* Methoden der Langfristprognose im Zeitraum von Monaten bis Jahren diskutiert und *P. K. Das* und *B.-K. Cheang* operative Vorhersagemethoden behandeln. Den Abschluß bildet ein Kapitel, in dem sich *M. S. Swaminathan* mit der Anwendung von Monsunvorhersagen durch die Verwaltungsorgane auseinandersetzt, ein Gebiet, das wohl ähnlich komplex und kompliziert ist wie die Vorhersage selbst.

Insgesamt handelt es sich bei „Monsoons" um eine sorgfältig edierte, moderne Darstellung des komplexen asiatischen Monsunsystems mit einer trotz der Vielfalt der behandelten Themen und der großen Zahl der Autoren guten inhaltlichen Abstimmung. Der Text, in dem fast vollständig auf den üblichen mathematischen Apparat verzichtet wurde, ist klar und verständlich und steht dennoch auf hohem Niveau. Dies macht das Buch nicht nur für Meteorologen und Ozeanologen, sondern auch (wie angestrebt) für Ökonomen und Politiker und nicht zuletzt für interessierte Laien zu einer Fundgrube an Informationen, Einblicken und Eindrücken – obwohl der volle Wert der Darstellungen erst mit dem notwendigen mathematisch-physikalischen Rüstzeug erschlossen werden kann.

H.-F. Graf

P. K. Das, Monsoons (Monsune), WMO-Nr. 613, World Meteorological Organization, Genf 1986, XXIII + 155 S., 93 Abb., 20 Tab., ca. 400 Referate, Preis?

Als fünfte IMO-Lektion (nach solchen über die allgemeine Zirkulation der Atmosphäre, Strahlungsprozesse, die atmosphärische Grenzschicht sowie über Klimaschwankungen) erschien die Monographie von Prof. P. K. Das über ein Phänomen, unter dessen Einfluß etwa die Hälfte der Menschheit lebt: die Monsune.

Besonders die Monsunzirkulation im asiatischen Raum wurde in den letzten Jahren nicht mehr allein als lebensspendende Niederschlagsquelle, sondern auch als aktives Glied in der allgemeinen Zirkulation der Atmosphäre erkannt und ist deshalb von großer Bedeutung auch für das Klima im globalen Maßstab.

Dementsprechend gibt Das einen ausführlichen Überblick zum asiatischen Monsun mit relativ knappen Exkursen zum australischen und afrikanischen Monsun anhand einer außerordentlich umfangreichen Literatur, die jedoch bis auf eine Ausnahme vor 1983 datiert. Auf hohem Niveau werden globale und regionale Aspekte der Monsunzirkulation diskutiert, wobei stets die Wechselwirkung mit anderen Klimaerscheinungen gebührende Beachtung erfährt und so ein klares Bild von der Komplexität der Monsune gezeigt wird. Großen Raum nimmt die numerische Simulation des Monsuns sowohl mit Modellen der allgemeinen Zirkulation als auch mit regionalen Modellen ein. Ein Überblick über die Versuche zur Vorhersage der beiden wesentlichen Monsunparameter (Beginn der Niederschlagsperiode und Niederschlagsmenge) sowohl mit statistischen Methoden als auch mit Modellen der allgemeinen Zirkulation beschließt die Monographie, die Meteorologen und Ozeanologen einen raschen Einstieg in eines der sich in den letzten Jahren besonders stürmisch entwickelnden Forschungsgebiete ermöglichen wird.

H.-F. Graf

Z. Meteorol. 35 (1988) 5, 308–314

551.509.314

Ein erwartungstreues lineares Selbstorganisationsmodell

Von **W. Enke**

Mit 1 Abbildung

Zusammenfassung: Das vorliegende Regressionsprogramm dient zur Berechnung des einfachen linearen Regressionskoeffizienten aus einer Vielzahl von potentiellen Prediktoren, wobei Transformation, optimale Binarisierung und multiplikative Verknüpfung möglich sind. Hinsichtlich der Tests auf Erwartungstreue werden alle Möglichkeiten ausgeschöpft (klassische Tests, Regularisierung, Unverzerrtheit) sowie einige neue Aspekte hinzugefügt (Signifikanzüberlegungen bei Modellbildungen aus einer Vielzahl potentieller Prediktoren).

Summary: The presented linear regression model permits the stepwise computation of a multiple regression equation from a large number of candidate predictors. In addition, the model provides for transformation, binarisation and the group handling method. The selection of the best predictors is carried out using several kinds of tests of statistical stability to minimize the artificial skill.

Einleitung

Die Suche nach stabilen, erwartungstreuen Parametern ist eines der wichtigsten und zugleich auch kompliziertesten Probleme bei Entwicklung statistischer Regressionsmodelle.

Die Forderungen bei der praktischen Anwendung gegebener Modelle stehen gerade diesen Fragestellungen oft entgegen. Die praktischen Aufgabenstellungen und objektiven Gegebenheiten erfordern,

- mit möglichst wenig Daten
- aus einer Vielzahl potentieller Prediktoren
- ein möglichst kompliziertes Modell zu entwickeln.

Die Problemstellung ist aber, aus dem gegebenen Datenmaterial das Modell optimaler Kompliziertheit zu finden, d. h., es soll ein solches Modell gefunden werden, das den Informationsgehalt des gegebenen Datensatzes maximal und erwartungstreu extrahiert.

Um dieser Forderung gerecht zu werden, müssen eine Reihe von Stabilitätskriterien bei der Modellbildung berücksichtigt werden. Wird dabei auch nur ein Kriterium vernachlässigt, kann gesagt werden, daß die statistische Instabilität genau über diese Schwachstelle in das Modell gelangt. Es lassen sich folgende statistische Stabilitätsaussagen herausschälen, die natürlich alle mehr oder weniger zusammenhängen:

1. Klassische Signifikanztests schützen nicht vor statistischer Instabilität;
2. Die Zahl der Objekte darf eine bestimmte Schranke nicht unterschreiten;
3. Beachtung des Kriteriums der Regularität;
4. Beachtung des Kriteriums der Unverzerrtheit;
5. Die klassischen Signifikanzschranken müssen in Abhängigkeit von der Anzahl der zur Modellbildung verwendeten Prediktoren modifiziert werden;
6. Die Einbeziehung von Zufallsreihen bei der Modellentwicklung hilft die statistische Stabilität des Modellansatzes abzuschätzen.

Zu ähnlichen Aussagen gelangt auch *Balzer* (1988), dem ich an dieser Stelle für die zahlreichen anregenden Diskussionen danken möchte.

1.

Es wurde ein lineares Regressionsmodell entwickelt, das die Stabilitätskriterien 1 bis 6 berücksichtig und zusätzlich eine Reihe von Transformationen, eine optimale Binarisierung und multiplikative Verknüpfung der angebotenen Prediktoren vornimmt.

1.1. Zu Stabilitätskriterium 1 und 5

Das klassische Herangehen bei der Ableitung von Regressionskoeffizienten ging davon aus, daß mit der Erfüllung der Signifikanzbedingungen (z. B. für den einfachen oder multiplen Korrelationskoeffizienten der F- bzw. t-Test) allen Forderungen für die praktische Anwendung Genüge getan ist. Praktische Erfahrungen zeigten jedoch, daß nur bei großen Objektzahlen eine hinreichend gute Stabilität durch klassische Signifikanztests erreicht werden kann. Die Fragestellung verschärft sich noch, wenn aus einer Vielzahl potentieller Prediktoren ein konkretes Regressionsmodell abgeleitet werden soll.

Zur näheren Erläuterung dazu gehe man von M normalverteilten Folgen von Zufallszahlen als potentielle Prediktoren aus. Für effektive Freiheitsgrade $N > 100$, mit gewisser Berechtigung auch für $N > 50$ läßt sich der t-Wert zur Bestimmung der Signifikanzschwelle des einfachen Korrelationskoeffizienten aus der (0,1) Standardnormalverteilung bestimmen (*Taubenheim* 1969). D. h., für eine vorgegebene Irrtumswahrscheinlichkeit „S" läßt sich ein t-Wert berechnen bzw. mit

$$R = \frac{t}{\sqrt{N-1}} \tag{1}$$

(t: t-Wert, R: einfacher Korrelationskoeffizient, N: effektive Freiheitsgrade) eine Signifikanzschwelle für den Korrelationskoeffizienten.

Für $S = 1\,\%$ bedeutet dies, daß mit einer Irrtumswahrscheinlichkeit von 1 % der berechnete Schwellenwert für den Korrelationskoeffizienten überschritten wird. Anders ausgedrückt heißt dies, daß bei 100 Realisierungen einmal dieser Schellenwert überschritten und somit ein signifikanter Korrelationskoefizient vorgetäuscht wird. In praktischen Versuchen konnte dies bestätigt werden.

Um dennoch auch für eine solche Selektionsprozedur eine Signifikanzschwelle vorgeben zu können, wird gefordert, daß die absolute Häufigkeit des Überschreitens der Signifikanzschwelle konstant bleibt. Dies bedeutet, daß bei der Auswahl eines Prediktors aus 10 potentiellen Prediktoren die Irrtumswahrscheinlichkeit von 1 % auf 0,1 % angehoben werden muß, allgemein:

$$S^* + \frac{S}{N_p} \tag{2}$$

N_p: Anzahl der potentiellen Prediktoren.
Der dazugehörige t-Wert bestimmt sich dabei zu

$$t = 2 \int_{S^*}^{\infty} \frac{1}{\sigma\sqrt{2\pi}} \, e^{\frac{(S-\mu)^2}{2\sigma^2}} \, ds \tag{3}$$

Für $\sigma = 1$ und $\mu = 0$, einer Standardnormalverteilung, vereinfacht sich zwar die Gleichung 3, sie ist jedoch explizit nicht lösbar. Deshalb wird das Integral über die Wahrscheinlichkeitsdichtefunktion durch die Funktion

$$S^* = \frac{e^{-|t|^{1.63}}}{2} \quad \text{bzw.} \quad t = \left(-\ln 2 \frac{S}{N_p}\right)^{0.6135} \tag{4}$$

oder
$$R = \frac{\left(-\ln 2 \frac{S}{N_p}\right)^{0.6135}}{\sqrt{N-1}} \quad \text{approximiert.}$$

Bei vorgegebener Irrtumswahrscheinlichkeit S kann als Gleichung (4) die Signifikanzschwelle für den Korrelationskoeffizienten in Abhängigkeit von der Zahl der potentiellen Prediktoren approximiert werden. Tab. 1a und 1b geben einen Überblick über die Variabilität der Signifikanzschwelle des Korrelationskoeffizienten.

Tabelle 1
Signifikanzschwelle des einfachen Korrelationskoeffizienten in Abhängigkeit von den effektiven Freiheitsgraden und der Zahl der potentiellen Prediktoren bei vorgegebener Irrtumswahrscheinlichkeit „S".

a) $S = 0.01$		Zahl der effektiven Freiheitsgrade			
		50	100	500	1000
Zahl der	1*	0.378	0.27	0.116	0.081
potentiellen	1	0.33	0.23	0.10	0.073
Prediktoren	5	0.40	0.28	0.12	0.090
	10	0.43	0.31	0.13	0.097
	100	0.52	0.37	0.16	0.117
	1000	0.61	0.43	0.10	0.136

b) $S = 0.05$		Objektzahl			
		50	100	500	1000
Zahl der	1*	0.28	0.19	0.087	0.062
potentiellen	1	0,23	0.17	0.07	0.05
Prediktoren	5	0,33	0.23	0.12	0.09
	10	0.36	0.25	0.13	0.095
	100	0.46	0.33	0.15	0.10
	1000	0.55	0.39	0.17	0.12

1* exakter Tabellenwert

1.2. Zu Stabilitätskriterium 2 – Minimale Objektzahl einer Stichprobe

Das Regressionsmodell legt eine minimale Objektanzahl von 50 Werten fest. Diese Objektanzahl resultiert aus einer Reihe von praktischen Erfahrungen *Enke* (1984, 1986) die bezüglich der Stabilität von Regressionsgleichungen und Diskriminanzansätzen gemacht wurden. Es ist anschaulich klar, daß, je kleiner die Stichprobe ist, um so mehr Besonderheiten, meist Zufälligkeiten dieser Stichprobe modelliert werden, so daß die auf der Stichprobe basierenden Schätzungen der Regressionskoeffizienten die Besonderheiten der Stichprobe widerspiegeln, jedoch nicht optimal die allgemein interessierenden Gesetzmäßigkeiten.

1.3. Zu Stabilitätskriterium 3 – Regularisierung

Seit geraumer Zeit gehören Tests auf Erwartungstreue zur Standardausrüstung von Regressionsmodellen (*Ivachnenko-Müller* 1984, *Enke* 1986). Allgemein bedient man sich dazu einer Aufteilung der Originalstichprobe, im einfachsten Falle in zwei Hälften (H-Methode), und im kompliziertesten Falle wird jeweils das zu verifizierende Objekt bei der Berechnung der Regressionskoeffizienten eliminiert (U-Methode). Für den einfachen linearen Regressionskoeffizienten läßt sich der Rechenaufwand (bei N Objekten wird N-mal eine Neuberechnung der Regressionskoeffizienten vorgenommen) durch die Anwendung der expliziten U-Methode (*Enke* 1986) drastisch reduzieren. Während die H-Methode eine zu pessimistische Schätzung des Prognosefehlers auf Grund der drastischen Reduktion des Stichprobenumfanges liefert, gibt die U-Methode (theoretisch die optimale erwartungstreue Schätzung) keine Garantie für eine erwartungstreue Schätzung bei einer Modellbildung aus einer Vielzahl potentieller Prediktoren. Diese Erfahrung mußte beim Einsatz von CLUDIREG (*Enke* 1986) zur Herleitung von Prognosealgorithmen für den operativen Einsatz von ADAREG gemacht werden. Einige der zur Modellbildung selektierten Prediktoren sanken in ihrer prognostischen Bedeutung im Prozeß der Adaption unter die klassischen Signifikanzschranken und mußten abgeschaltet werden. Aus diesen Erfahrungen resultierend wurde im jetzigen Modell die sogenannte π-Methode angewandt, die hier eine Viertelung der Stichprobe beinhaltet.

Für jeden zu selektierenden Prediktor erhält man demnach 4 erwartungstreue Reststreuungen, deren arithmetisches Mittel minimal werden soll. Da das vorliegende Regressionsmodell auch mit Ausfallkennungen arbeitet, eignet sich die mittlere Reststreuung nicht als Minimalkriterium. Es besteht die Gefahr, daß solche Prediktoren selektiert werden, die durch unglückliche „Lage“ der Ausfälle eine Verringerung der Streuung des Prediktanden bewirken. Bei einer großen Anzahl von potentiellen Prediktoren ist dies fast immer gegeben. Daraus resultierend wird als Optimierungskriterium der erwartungstreue Korrelationskoeffizient verwendet.

$$R_{xy} = 1 - \sigma_R^2 / C_{yy} \rightarrow \max!$$

σ_R: Arithmetisches Mittel der erwartungstreuen Reststreuung
C_{yy}: Varianz des Prediktanden
R_{xy}: Erwartungstreuer Korrelationskoeffizient

1.4. Zu Kriterium 4 – Unverzerrtheit

Neben dem Kriterium der Regularisierung finden in zunehmendem Maße Kriterien der Unverzerrtheit zur Stabilitätsabschätzung bzw. erwartungstreuen Schätzungen von Regressionsparametern Beachtung, (*Ivachnenko-Müller* 1984). Es hat sich gezeigt, daß bei großen Zahlen potentieller Prediktoren das Kriterium der Regularisierung nicht ausreichend ist. Mit steigender Zahl potentieller Prediktoren steigt auch die Wahrscheinlichkeit dafür, daß die Reststreuung an der unabhängigen Teilstrichprobe zufällig gut modelliert wird, ganz abgesehen von Fragen der Repräsentativität für die Grundgesamtheit überhaupt. Letzteres Problem ist generell nicht durch Stabilitätstests oder erwartungstreue Schätzungen zu lösen. Im vorliegenden Regressionsmodell finden 2 Kriterien der Unverzerrtheit Anwendung.

1.4.1. Stabilität der Schätzung der Regressionskoeffizienten der Teilstichproben

Da nach Kriterium 3 die Gesamtstichprobe in 4 Teilstichproben unterteilt wird, fallen je potentiellem Prediktor 4 Schätzungen der Regressionskoeffizienten an. Man geht von der plausiblen Annahme aus, daß die Schätzung um so stabiler ist, je geringer die Variabilität der Regressionskoeffizienten ist. Um ein kombiniertes Optimalitätskriterium zwischen Regularisierung und Unverzerrtheit zu verwenden, wird die normierte Streuung der Regressionskoeffizienten verwendet. Dazu werden die Regressionskoeffizienten A_i mit dem Max $|A_i|$ normiert und mit $A_i' = A_i/\text{Max}\,|A_i|$

$$\sigma_A = \frac{1}{3}\left(\sum_{i=1}^{4} A_i' - \frac{1}{4}\left(\sum_{i=1}^{4} A_i'\right)^2\right)$$

bestimmt.

Die Kombination aus beiden Kriterien wird nach Gl. 7 vorgenommen.

$$S = \frac{R_E + (1 - \sigma_A) \cdot \text{VERZ}}{2} \quad \text{mit} \quad \text{VERZ} \geqq 0 \tag{7}$$

Nach Müller sind für VERZ = 1 die günstigsten Resultate zu erhalten. Eigene Untersuchungen lassen VERZ = 0.75 als optimal erscheinen.

1.4.2. Stabilitätsabschätzung bei der Selektion der Art des Prediktors

Bei der Modellbildung über die Selektion der besten Einzelprediktoren aus einer Vielzahl potentieller Prediktoren wird die Nummer des Prediktors gemerkt, der im entsprechenden Viertel der Gesamtstichprobe (Anwendung der π-Methode vgl. Punkt 4) die größte erwartungstreue Reduktion der Varianz des Prediktanden bewirkt. Im Idealfall bewirkt ein bestimmter potentieller Prediktor in allen vier Teilstichproben eine Reduktion des kombinierten

Stabilitätsmaßes S. Ein Prediktor wird verworfen, wenn trotz einer Verbesserung von S in Gl. 7 nicht in zwei Teilstichproben gleiche Prediktorennummern auftreten und der einfache Korrelationskoeffizient zwischen den in den Teilstichproben gefundenen unterschiedlichen Prediktoren den Betrag von 0.90 unterschreitet. Dies bedeutet, daß versucht wird, einen solchen Prediktor zu finden, der möglichst in allen Teilstichproben zu einer Verbesserung führt.

Zu Kriterium 6

Als weiteres Stabilitätskriterium hat sich die Verwendung von „Zufallsprediktoren" im Ensemble der potentiellen Prediktoren als vorteilhaft erwiesen. Werden in der Prozedur der Modellbildung Zufallsprediktoren verwendet, so ist dies ein deutliches Alarmzeichen, die Modellbildung an dieser Stelle abzubrechen. Als Zufallsprediktoren finden normalverteilte Zufallsfolgen Verwendung, die mittels eines Zufallsgenerators erzeugt werden. Es finden minimal 4 Zufallsprediktoren Verwendung, ihre natürliche Zahl steigt jedoch in Abhängigkeit von der Anzahl der potentiellen Prediktoren und der Objektzahl nach Gl. 8.

$$Z=\frac{N_{Pot}}{N_{obj}}$$

N_{POT}: Anzahl der potentiellen Prediktoren
N_{obj}: Objektzahl in der Stichprobe.

Die Stabilitätskriterien 1 bis 6 kommen alle im vorliegenden Regressionsmodell zur Anwendung und führen entweder zur Ausgabe von Warnungen oder zum Abbruch der Prozedur der Modellbildung.

2. Funktionsbeschreibung des Regressionsmodells

Neben der Anwendung der Stabilitätskriterien 1 bis 6 ist es möglich, durch Parametersteuerung weitere Funktionen des Regressionsmodells zu aktivieren.

2.1. Selektion der originalen Prediktoren

Die Modellbildung erfolgt generell durch Auswahl des besten Prediktors aus einer Vielzahl von potentiellen Einzelprediktoren. Im einfachsten Falle sind dies die originalen Prediktoren, die jedoch Ausfallskennungen enthalten können. Jeder Prediktor wird einem Ausreißertest unterzogen, wobei die Schärfe des Tests durch die Steuergröße GRE vorgegeben werden kann.

$$\left.\begin{matrix} O \\ U \end{matrix}\right\rangle = \bar{X} \pm \mathrm{GRE} * \sigma \qquad (9)$$

O, U : Ober- bzw. Untergrenze
$\bar{X}$: Mittelwert des potentiellen Prediktors
σ : Streuung des potentiellen Prediktors
GRE : Steuergröße für Schärfe des Tests

D. H. Normalverteiltheit vorausgesetzt liegen für

GRE = 1 68,3 %
GRE = 2 95.4 % innerhalb der Schranken $U \leqq X \leqq 0$
GRE = 1 00.00 %

2.2. Transformation der Prediktoren

Nach der Selektion originaler Prediktoren kann durch die Steuergröße BIN : 1 eine weitere Selektion von transformierten Prediktoren vorgenommen werden. Es stehen dabei folgende Transformationen zur Verfügung:

1. logarithmische Transformation
2. quadratische Transformation
3. Wurzeltransformation

Um eine Transformationsmöglichkeit auch für Prediktoren zu ermöglichen, die Werte < 0 annehmen können, kann mit der Steuergröße MIVER = 1 eine Werteverschiebung automatisch vorgenommen werden.

2.3. Optimale Binarisierung der Prediktoren

Für verschiedene Fragestellungen und bei der Bildung von Regressionsmodellen hat es sich als vorteilhaft erwiesen, u. a. binarisierte Prediktoren zu verwenden. Diese haben häufig ein stabileres Verhalten (Ausreißer fallen nicht so ins Gewicht und Nichtlinearitäten werden u. U. besser approximiert). Eine wesentliche Frage dabei ist jedoch die der optimalen Schwelle. Das Optimalitätskriterium zur Schwellenbestimmung soll hier die Maximierung des einfachen Korrelationskoeffizienten zwischen Prediktand und binarisiertem Prediktor sein:

$$R^2 = \frac{C_{xy}^2}{C_{xx} C_{yy}} \tag{10}$$

mit $C_{xy} = \frac{1}{N-1}\left(\sum_{i=1}^{N} x_i y_i - \frac{1}{N}\sum_{i=1}^{N} x_i \sum_{i=1}^{N} y_i\right)$ N: Objektzahl

$$C_{xx} = \frac{1}{N-1}\left(\sum_{i=1}^{N} x_i^2 - \frac{1}{N}\left(\sum_{i=1}^{N} x_i\right)^2\right)$$

Ohne Einschränkung der Allgemeinheit kann man die weiteren Betrachtungen durchführen, nachdem die Reihen paarweise (x, y) nach Prediktor x aufsteigend sortiert werden.

$$X = \{X_i i \in [1, N], X_{i+1} \geqq X_i\} \tag{11}$$

Die Schwelle SW soll dabei im Intervall

$$X_K < \mathrm{SW} \leqq X_{K+1}$$

liegen.

Für die sortierte und binarisierte Reihe X' (Prediktor) gilt dabei

$$X_i' = 0 \quad i \in [1, K]$$

$$X_i' = 1 \quad i \in [K+1, N]\,.$$

Damit vereinfacht sich die Gleichung 10 wie folgt:

$$C_{x'y} = \frac{1}{N-1}\left(\sum_{i=K+1}^{N} y_i - \frac{N-K}{N}\sum_{i=1}^{N} y_i\right) \tag{12}$$

$$C_{x,y'} = \frac{1}{N-1}\left(N-K-\frac{(N-K)^2}{N}\right).$$

Damit ergibt sich R^2 zu

$$R^2 = \frac{\left(K\sum_{i=1}^{N} y_i - N\sum_{i=1}^{K} y_i\right)^2}{K\,(N-K)\,(N-1)\,C_{yy}}. \tag{13}$$

Gefragt ist, für welches K die Größe R^2 maximal wird.

Da C_{yy} für alle K gleich bleibt, kann eine neue Größe P definiert (Gl. 14) werden, die die gleiche Maximalbedingung wie R^2 erfüllt.

$$P_K = \frac{\left|\sum_{i=1}^{N} y_i - \frac{N}{K}\sum_{i=1}^{K} y_i\right|}{K\left(\frac{N}{K}-1\right)} \to \mathrm{Max} \tag{14}$$

Voraussetzung für die Anwendung dieses Algorithmus ist ein sehr schneller Sortieralgorithmus. Zu diesem Zweck wurde ein Sortieralgorithmus geschaffen, der eine Indexberechnung aus der Größe der Werte vornimmt. Dieses Sortierprogramm ist zehnmal schneller als das angebotene Bibliotheksprogramm gleicher Aufgabenstellung.

2.4. Multiplikative Verknüpfung von Prediktoren

Eine wesentliche Reserve bei der Erschließung des Informationsgehaltes eines Datensatzes ist die Möglichkeit der multiplikativen Verknüpfung der Prediktoren untereinander. Dadurch können vorhandene Nichtlinearitäten oder nicht a priori durchschaubare Zusammenhänge durch das Modell aufgedeckt werden. Diese Vorgehensweise findet man z. B. in der Group Method of Data Handling (*Dixon, Purvis* 1980), wo paarweise multiplikativ verknüpfte Prediktoren zur linearen Regression angeboten werden. Das Hauptproblem stellt hier der sich schnell ins Unermeßliche steigernde Aufwand dar. Bei 1000 potentiellen Prediktoren (eine durchaus übliche Zahl) ergeben sich sofort 10^6 Kombinationen. Die Methode OPMM (*Brier* und *Kelbe* 1980) versucht, die Wirksamkeit der multiplikativen Verknüpfung zweier Predikatoren abzuschätzen, jedoch ist der Aufwand immer noch sehr hoch.

In diesem Modell wird deshalb ein anderer Weg beschritten: es wird eine multiplikative Verknüpfung der drei besten Einzelprediktoren mit allen potentiellen Prediktoren vorgenommen, deren einfacher Korrelationskoeffizient größer als der bis zu diesem Zeitpunkt erreichte erwartungstreue Korrelationskoeffizient (s. Kriterium 3) ist. Die 3 besten Einzelprediktoren werden aus der multiplen Verknüpfung mit dem Prediktanden bestimmt. Die zur multiplikativen Verknüpfung verwendeten Prediktoren können dabei original, binarisiert oder transformiert sein. Als Ergebnis des Selektionsprozesses können also durchaus Produkte von transformierten oder binarisierten Prediktoren mit Originalprediktoren auftreten.

3. Demonstration des Vorhersagemodells an Hand der Prognose der Wahrscheinlichkeit des Auftretens von Niederschlag in Schwerin für den Folgetag, 6–18 Uhr

Aus einem umfangreichen Angebot an potentiellen Prediktoren (≈ 1500) wurde eine automatische Modellbildung (Selbstorganisation), zum einen nur mit den originalen Prediktoren und zum anderen unter Ausnutzung aller im Regressionsmodell angebotenen Möglichkeiten (vgl. 2.1.–2.4.), durchgeführt.

Zur Selektion standen dabei folgende Informationsarten bei einem Werteumfang von 2 Sommerhalbjahren zur Verfügung:
- originale synoptische Boden- und Höheninformation
- Outputs dynamischer Prognosemodelle
- synoptische Boden- und Höheninformation an Trajektorienanfangspunkten für verschiedene Zielpunkte
- statistische Vorhersagen mittels Analogiemethode.

Die Modellentwicklung erfolgte an einem Wertekollektiv von zwei Sommerhalbjahren (1984/85). Die erhaltenen multiplen Regressionsbeziehungen wurden dann auf Erwartungstreue am Sommerhalbjahr 1986 überprüft

Abb. 1 zeigt die Änderung der RV-Werte bei Verwendung von 1,2 bis 5 Prediktoren zur multiplen Regression am Entwicklungskollektiv (————) und am Testkollektiv (– – – – –)

$$\mathrm{RV} = \left(1 - \frac{\sigma P}{\sigma K}\right) * 100$$

RV: Reduction of variance
σP: Reststreuung
σK: Streuung des Prediktanden der Stichprobe

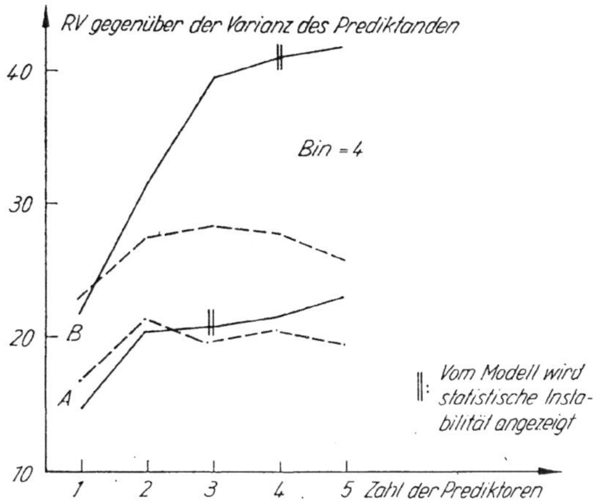

Abb. 1. Prognose der Wahrscheinlichkeit des Auftretens von Niederschlag in Schwerin für den Folgetag 6–18 Uhr
Fig. 1. Prediction of the probability of the occurrence of precipitation in Schwerin on the subsequent day, 06 to 18 hrs

Das Kurvenpaar A zeigt die Änderung des RV-Wertes bei ausschließlicher Verwendung der original angebotenen Prediktoren. Folgende Prediktoren wurden stufenweise selektiert:

Prediktor
1: Vorhersage der Wahrscheinlichkeit des Auftretens von Niederschlag in Warnemünde für den Folgetag 6–18 Uhr durch Analogiemethode
2: 48stündige Vorhersage der Vorticity 500 hPa
3: Am Trajektorienanfangspunkt h + 6 gemessene Niederschlagsmenge von 00 UTC
4: Prognose der Windrichtung für morgen 12 UTC durch Analogiemethode
5: Vorhersage der Niederschlagsmenge h + 18 bis h + 24 des NMC-Modells Potsdam

Das Kurvenpaar B zeigt die Änderung des RV-Wertes unter Ausnutzung aller Modellierungsmöglichkeiten (Pkt. 2.1–2.4)

Prediktor
1: Binarisierte 48stündige Prognose der Vorticity 500 hPa multipliziert mit der Länge der 24stündigen Trajektorie in 500 hPa
2: Binarisierte Länge der 12stündigen Trajektorie multipliziert mit der Windrichtung am Trajektorienanfangspunkt h + 6 Stunden
3: Bedeckungsgrad tiefer Wolken am Trajektorienanfangspunkt h + 12, multipliziert mit der Art mittelhoher Wolken am Trajektorienanfangspunkt h + 24
4: 48stündige Vorhersage des Geopotentials 1000 hPa
5: Taupunktdifferenz am Trajektorienanfangspunkt h + 12 850 hPa.

Folgende verallgemeinerungsfähige Aussagen lassen sich an Hand der Abbildung treffen:
- Die Güte der Vorhersage am Entwicklungskollektiv nimmt mit steigender Kompliziertheit des Modells immer zu.
- Die Verwendung von abgeleiteten transformierten, binarisierten und multiplikativ verknüpften Prediktoren führt zu einer Verbesserung der Vorhersageleistung auch am Testkollektiv.

– Der Leistungsabfall vom Entwicklungs- zum Testkollektiv ist um so größer, je komplizierter die Verknüpfung der Prediktoren untereinander wird.
– Die vom Selbstorganisationsmodell ausgegebenen Warnungen bezüglich Stabilitätsfragen (II) zeigen die Anzahl der Prediktoren an, bei deren Verwendung im Testkollektiv die optimale Leistungsfähigkeit des Modells gegeben ist.

Literatur

Balzer, K.: Statistische Vorhersage seltener Ereignisse und die Macht des Zufalls, Z. Meteorol., (1988) im Druck

Brier, G. W., Kelbe, B. E.: Statistical prediction of complex phenomena using a one parameter multiplicative model (OPMM), WMO-Symposium on Probabilistic and Statistical Methods in Weather Forecasting" Nice, 8.–12. September 1980

Dixon, R., Purvis, G. W.: Group Method of Data Handlung, WMO-Symposium on Probabilistic and statistical Methods in Weather Forecasting, Nice, 8.–12. September 1980

Enke, W.: Ein adaptives Regressionsmodell – lernende, lineare multiple Regression, Z. Meteorol., **34** (1984) 2, 66–74

Enke, W.: Ein Verfahren zur Aufstellung statistischer Prognosealgorithmen als Einheit von Cluster-Diskriminanz- und Regressionsanalyse, Z. Meteorol., **36** (1986), 2 117–122

Ivachnenko/Müller: Selbstorganisation von Vorhersagemodellen, Berlin 1984, Verlag Technik

Taubenheim, J.: Statistische Auswertungen geophysikalischer und meteorologischer Daten, Leipzig 1969, Akademische Verlagsgesellschaft Geest & Portig K.G.

Anschrift: Dr. Wolfgang Enke, Meteorologischer Dienst der DDR, Zentrale Wetterdienststelle, Michendorfer Chaussee **23**, Potsdam, DDR - 1561

Manuskripteingang: 2. 9. 87

Buchbesprechung

Abarbanel, H. D. I., Young W. R. (Hrsg.): **General Circulation of the Ocean.** (Allgemeine Zirkulation des Ozeans). Springer-Verlag New York – Berlin – Heidelberg – London – Tokyo 1986. Mit 291 Seiten und 114 Abb. ISBN 3-540-96345-5Preis 160,– DM

Der Band enthält fünf Lektionen aus der Feder führender USA-Ozeanologen, die im Frühjahr 1983 am renommierten Sripps Institut für Ozeanographie an der Universität Kalifornien in San Diego im Rahmen einer – nach unserem Sprachgebrauch – Weiterbildungsveranstaltung gehalten wurden.

Im ersten Beitrag behandelt *P. P. Niiler* (Sripps Institution of Oceanography) die großmaßstäbliche ozeanische Zirkulation auf der Grundlage von Beobachtungen. Meßtechnische Probleme nur streifend, werden die Grundzüge der Oberflächen- und Tiefenzirkulation unter besonderer Berücksichtigung der großen subtropischen antizyklonalen Makrowirbel sowie der westlichen Randströmungen (insbes. Golfstromsystem) dargelegt. Das interessante äquatoriale Stromsystem, dem in Zusammenhang mit dem Weltklimaforschungsprogramm auch besondere Bedeutung zukommt, wird eher randlich erwähnt. Charakteristisch (auch für die anderen Beiträge) ist das wiederholte Zurückgreifen, auch in Form von Originalabbildungen, auf die Ergebnisse der „klassischen" Ozeanographie, die bspw. die deutsche „Meteor"-Expedition verkörperte. Die Ausführungen belegen gut die Energetik der mittelmaßstäblichen ozeanischen Wirbel, die durch nicht-lineare vertikale und horizontale Impulstransporte geprägt sind.

J. Pedlovsky (Woods Hole Oceanographic Institution) behandelt die Theorie der thermischen Sprungschicht im Ozean. Diese Sprungschicht ist jedem Ozeanologen und Limnologen gut vertraut als das Ergebnis des Zusammenspiels thermodynamischer und dynamischer Prozesse in den oberen Schichten der Gewässer. Der Autor gibt einen relativ breiten und begrüßenswerten Überblick über frühere und moderne Theorien, wobei zu bemerken ist, daß eine vollständige Theorie der Sprungschicht zwar weit fortgeschritten, aber noch nicht vollendet ist. Im Mittelpunkt stehen die großmaßstäblichen Prozesse, während die experimentell nachgewiesenen Mikrostrukturen im Sprungschichtbereich hier nicht angesprochen werden.

In seinem Beitrag über inverse Methoden zum Studium der ozeanischen Zirkulation geht es *G. Veronis* (Yale University) vor allem um die zweckmäßige Bearbeitung und Bewertung ozeanologischer Beobachtungen sowie um die Vermeidung von Fehlschlüssen bei der Interpretation. Von besonderem Interesse ist die optimale Bestimmung der dynamischen Nullfläche als notwendige Grenzbedingung für die Integration der Bewegungsgleichungen.

W. R. Young (Massachusetts Institute of Technology) gibt einen umfassenden Überblick über die baroklinen Theorien der winderzeugten Zirkulation im Ozean. Mit Hilfe der Entwicklung eines idealisierten quasi-geostrophischen Zweischichtenmodells wird theoretisch die großmaßstäbliche Zirkulation beschrieben. Besonderer Wert wird auf die Fragen der Erhaltung der potentiellen Vorticity entlang einer Stromlinie als einer der zentralen Eigenschaften der großräumigen Zirkulation gelegt.

In Ergänzung und Erweiterung dazu beschreibt im letzten Beitrag *M. C. Hendershott* (Sripps Institution of Oceanography) Zirkulationsmodelle für einzelne Schichten des Ozeans. Schwerpunktmäßig werden Gleichungen der barotropen potentiellen Vorticity diskutiert und mit Beobachtungsergebnissen verglichen.

Insgesamt geben die auch untereinander recht gut abgestimmten Beiträge einen tiefen Einblick in ein ozeanologisch und meteorologisch interessantes, aber auch sehr schwierig zu erfassendes Naturphänomen. Dem Verlag und den Herausgebern der Reihe „Topics in Atmospheric and Oceanic Sciences" (*M. Ghil, R. Sadourny* und *J. Sündermann*) ist zu danken, daß diese auch pädagogisch wertvollen Lektionen (mit jeweils ausführlichem Literaturverzeichnis) in ansprechender Form erscheinen konnten und so der interessierten Fachwelt auch – wie es im Vorwort heißt – „als Herausforderung" zur Verfügung stehen.

P. Hupfer

Z. Meteorol. 38 (1988) 5, 315–323

551.510.42
551.501.71

Messung von Rußkonzentrationen im atmosphärischen Aerosol

Von M. Gast und D. Götz

Mit 3 Abbildungen

Zusammenfassung: Die zunehmende Bedeutung der Überwachung der Rußkonzentration in der Atmosphäre hat dazu geführt, daß ein routinemäßig einsetzbares Verfahren der photometrischen Rußkonzentrationsbestimmung entwickelt wurde. Ausgangspunkt sind intermittiert bestaubte Membranfilter und die Tatsache, daß Rußpartikeln im atmosphärischen Aerosol hauptverantwortlich für die Lichtabsorption sind.

Grundlage des Verfahrens ist eine spezielle Eichkurve, die aus elektronenmikroskopischen Analysen und photometrischen Messungen entwickelt wurde (Zusammenhang zwischen Rußmasse auf dem Filter und zugehöriger Extinktion), und mit Hilfe derer photometrische Sofortbestimmungen von Rußkonzentrationen auf bestaubten Membranfiltern bzw. im atmosphärischen Aerosol ausgeführt werden können.

Eine praktische Erprobung des Verfahrens im Zeitraum 6/86–12/86 lieferte für Stadtrandgebiete mittlere Rußkonzentrationen von $\bar{C}_s = 2.1$ µg/m^3 und für ausgesprochene ländliche Gegenden Mittelwerte von $\bar{C}_s = 0.4$ µg/m^3, wobei die Fehlergenauigkeit für die Ermittlung eines Einzelmeßwertes mit < 17 % eingeschätzt werden konnte.

Weitere Auswertungen ergaben, daß der prozentuale Massenanteil von Ruß im Schwebestaub unter den gleichen o. a. Bedingungen im Bereich van $\bar{C}_s/C_{TSP} = 1–2$ % und der Korrelationskoeffizient für den Zusammenhang Rußkonzentration/Schwebestaubkonzentration im Mittel bei $r = 0.90$ lag.

Summary: The growing importance of atmospheric soot was the reason of the development of a photometric method to measure soot concentration in a very quick and simple manner. In the process, reference was made to intermittently polluted membrane filters and the fact that soot particles are mainly responsible for light absorption.

Major part of this development was the investigation of the relationship between the soot mass on the filter (analyzed by electron microscope) and the corresponding photometric extinction (calibration curve). Exact details are submitted.

A practical test was carried out from June 1986 to December 1986 at various urban and rural remote sites. For suburban developments we have obtained, on the average, soot concentration values of $\bar{C}_s = 2.1$ µg/m^3, and for rural areas of $\bar{C}_s = 0.4$ µm/m^3. The statistical error of a single measurement was less than 17 %.

Further, the ratio of soot concentration and total amount of suspended particles was found to be in the range of 1 and 2 per cent. The correlation between mass concentration of soot and total suspended particles is rather high ($\bar{r} = 0.90$).

1. Einleitung

Ruß ist ein wichtiger Bestandteil des atmosphärischen Aerosols, wobei weniger die Rußmasse als Anteil an der Gesamtmasse des Schwebstaubs von Bedeutung ist (< 7 %), sondern vor allen Dingen die enorm hohe Teilchenanzahl im einatembaren Größenbereich. Außerdem ist die Strahlungsabsorption des atmosphärischen Aerosols i.allg. zu über 90 % auf Rußpartikeln zurückzuführen, wobei in Spezialfällen von emittierten Eisenoxidteilchen einiger lokal begrenzter Stahlwerke abgesehen werden soll.

Eine weitere unrühmliche Bedeutung erlangt Ruß auf den Gebieten der Hygiene und der Medizin. Dabei sind auf Grund der hauptsächlichen Ruß-Emissionsquellen wie Braunkohleverbrennung und Abgase von Dieselkraftfahrzeugen (*Zierock* 1983, *Szkarlat/Japar* 1983) vor allen Dingen die städtischen Territorien und deren Randgebiete betroffen. In diesem Zusammenhang sind einerseits die kostenintensiven starken Verschmutzungswirkungen von Ruß im kleinräumigen Bereich (Belästigung, Reinigungskosten der individuellen Sphäre) und im volkswirtschaftlichen Maßstab (Verunreinigung von Gebäudefassaden, Betriebsgeländen, Bahnhöfen, Grünanlagen usw.) zu nennen (*Kettner/Langmann* 1970) als auch andererseits die medizinisch bedeutungsvolle Komponente in der Form, daß Rußpartikeln als Trägersubstanz für polyzyklische aromatische Kohlenwasserstoffe (PAK) auftreten und auf Grund der geringen Dichte von Ruß eine weite Verbreitung erfahren.

Polyzyklische aromatische Kohlenwasserstoffe entstehen vor allen Dingen bei unvollständigen Verbrennungsvorgängen fossiler Brennstoffe, d. h. kohlenstoffhaltiger Ausgangssubstanzen, und sind z. T. krebserregend.

Damit erlangt die Ruß-Problematik auch starkes internationales Interesse.

Weiterhin wirkt Ruß als Katalysator bei der Oxidation von SO_2 zu Sulfat in der Atmosphäre (*Novakov/Chang/Harker* 1974, *Chang/Tossi/Novakov* 1981, *Benner/Brodzinsky/Novakov* 1982, *Tartarelli/Davini/Morelli/Corsi* 1978, *Brodzinsky/Chang/Markovitz/Novakov* 1980) und ist auf Grund seiner starken Strahlungsabsorption u. a. für Änderungen der atmosphärischen Strahlungsbilanz und damit für die Beeinflussung des Klimas verantwortlich (*Kellogg* WMO-Bulletin XXVI, *Chylek/Ramaswamy/Cheng* 1984, *Gerber/Hindman* 1982, *Porch/MacCracken* 1982, *Tarasova/Fejgel'son* 1982).

Rußpartikeln haben eine geringe Dichte von ca. 0.1 g/cm^3 und sind damit bevorzugt am Langstreckentransport beteiligt (*Porch/MacCracken* 1982, *Rosen/Novakov* 1981, *Heintzenberg* 1982). Außerdem verhalten sie sich in der Atmosphäre chemisch inert (*Wolff* 1981, *Ogren/Charlson* 1983) und beeinflussen erheblich die Sichtweite (*Szkarlat/Japar* 1983, *Wolff/Ferman/Kelly/Stroup/Ruthkosky* 1982, *Wolff/Countess/Groblicki/Ferman/Cadle/Muhlbaier* 1981, *Wolff/Stroup/Stroup* 1983, *Jennings/Pinnick* 1980).

Insgesamt ist einzuschätzen, daß sowohl dem Schadstoff Ruß als auch dem Schadstoffträger Ruß unter Beachtung aller genannten negativen Eigenschaften große Aufmerksamkeit geschenkt werden muß.

Die internationale Forschung hat dabei einen Stand erreicht, der es derzeitig noch nicht gestattet, alle Schadwirkungen qualitativ und quantitativ darstellen zu können. Um die Lösung dieser Problematik zu unterstützen, ist es vor allen Dingen wichtig, atmosphärische Rußkonzentrationen *routinemäßig* an verschiedenen Meßstellen zu erfassen und die Auswertungen anhand der räumlichen zeitlichen Struktur des Feldes der Rußkonzentrationen in der bodennahen Luftschicht vorzunehmen.

Das zuletzt angeschnittene Problem der routinemäßigen Gewinnung atmosphärischer Rußkonzentrationen wird weder national noch international in größerem Umfang bearbeitet. Grund dafür könnte u. a. die oftmals komplizierte und umfangreich zu handhabende experimentelle Meßtechnik sein.

Im Rahmen einer Verfahrensentwicklung wurde daraufhin im Meteorologischen Dienst der DDR eine Methode entwickelt, die es gestattet, routinemäßig und mit geringem personellen Aufwand atmosphärische Rußkonzentrationen im Luftverunreinigungsmeßnetz des MD zu ermitteln.

2. Meßmethodik

Eine Recherche international eingesetzter Verfahren zur Rußkonzentrationsbestimmung im atmosphärischen Aerosol ergab, daß die Photometrie das bei weitem am häufigsten angewandte Verfahren ist (Tab. 1). Dabei wird selten in Reflexion gemessen (*Delumyea* et al. 1980, *Clarke/Noone* 1985), dagegen sehr häufig in Transmission (z. B. *Japar/Brachaczek/Gorse* 1986, *Heintzenberg* 1982, *Heintzenberg* 1984, *Heintzenberg* 1984, *Shah/Johnson/Heyerdahl/Huntzicker* 1986, *Wolff* 1981, *Lin/Baker/Charlson* 1973).

Tabelle 1
Literaturübersicht gemessener atmosph. Rußkonzentrationen

Nr.	Autor (Ref.)	C_s[µg/m³]	C_s/C_{TSP}[%]	Ort der Messung	Meßmethode	Fehler [%]
1	*Heintzenberg* 1982	0.03–0.07	1.5	Arktis	Photometrie (Transm.)	–
		3.3	5	Hamburg	„	
		0.6	3	Stockholm	„	
2	*Rosen/Novakov* 1981	0.3	–	Alaska	Photometrie (Laser-Transmission)	<50
3	*Hansen* LBL-10737	1.3–4.1	–	versch. Städte U.S.A	Photometrie (Transm.)	–
4	*Heintzenberg* 1984	0.3–0.8	4	Hamburg u. andere	Photometrie (Transm.)	–
		25 (bei Smog)		Städte BRD		
5	*Delumyea* et al. 1980	3.9	6	St. Louis, U.S.A.	Photometrie (Reflex.)	–
6	*Hansen/Rosen* 1985	0,2–1.6	–	Arktis	Photometrie (Transm.) (Aethalometer)	15
7	*Clarke/Charlson/Radke* 1984	0.2	–	Arktis	Photometrie (Transm.)	–
8	*Japar/Brachaczek/Gorse* 1986	1.3	2	ländl. Gebiet U.S.A.	Photometrie (Transm.) gekoppelt mit Photometrie (Reflex.) u. therm. Analyse	25
9	*Gast* 1987	2.1	2	versch. Städte DDR (Stadtrand)	Photometrie (Transm.)	17
		0.4	1	ländl. Gebiet DDR		
10	*Gast* 1985, *Zier/Gast* 1985	2.4–6.3	3.5–6.2	Dresden (Stadtinneres)	Elektronenmikroskopie	–
11	*Wolff* 1981	3.1–6.5	3–11	versch. Städte U.S.A.	Thermische Analyse	
		0.2–0.7	3–11	ländl. Gebiete U.S.A.	(IR, Flammenionisation nach Umwandl. in CO_2 bzw. CH_4)	
12	*Shah/Johnson Heyerdahl/ Huntzicker* 1986	0.9–7.7	2.6–8.8	46 versch. Städte U.S.A.	Thermisch-optischer Kohlenstoff-Analysator	–
		0.3–2.2	1.0–7.0	ländl. Gebiete U.S.A.		
13	*Ohta/Okita* 1984	2.3–8.0	9–23	Sapporo (Winter)	Thermische Analyse	
		2.0–10.0	6–16	Tokio (Sommer)	(Flammenionisation nach	
		0.5–1.3	10	ländl. Inseln (Winter, ohne Seesalzkomponente)	Umwandlung von CO_2 in CH_4)	–
14	*Wolff/Groblicki/ Cadle/Countess* 1982	3.6–6.5	4–11	Städte U.S.A. (Denver, Washingt. u. a.)	Thermische Analyse (s. o.)	–
		0.8–1,7	4–8	ländl. Gebiete, ländl. Städte,		
15	*Bredel* 1974	22.4	17	Leipzig (Sommer)	Oxidation durch $K_2Cr_2O_7$	5
		42.8		(Winter)		

Hauptschwierigkeit und Kriterium für die Einsatzfähigkeit eines photometrischen Verfahrens ist jedoch immer der Prozeß der Eichung des jeweiligen Photometers, d. h. die Bestimmung des Zusammenhanges zwischen der meßbaren Extinktion und der zugehörigen Masse des sich in der Probe befindlichen Rußanteils. Weitere Verfahren der Rußkonzentrationsbestimmung basieren z. B. auf folgenden Prinzipien:

– Thermische Analysen

Proben werden chemisch vorbehandelt, filtriert, gewogen und zum Teil schrittweise im Bereich 300–800 °C im Muffelofen verglüht. Gravimetrisch bestimmte Gewichtsverluste ergeben im wesentlichen den Rußgehalt der zu untersuchenden Probe (*Japar/Brachaczek/Gorse* 1986, *Wolff* 1981, *Altenburger* 1979)

Thermische Analysen existieren aber auch in der Form, daß elementarer Kohlenstoff von Filterproben durch Verbrennung des Filters in CO_2 umgewandelt wird, CO_2 anschließend eine katalytische Umwandlung in CH_4 erfährt und letztendlich flammenphotometrisch analysiert wird (*Ohta/Okita* 1984)

– RAMAN-Spektroskopie
Qualitative Auswertung von Molekülstreuspektren einer Ruß enthaltenden Probe (Verwendung von Laser- oder UV-Strahlungsquellen) (*Rosen/Novakov* 1978, *Rosen/Hansen/Gundel/Novakov* 1978, *Rosen/Hansen/Dod/Novakov* 1980).

– Oxidationsverfahren
Verwendung von $K_2Cr_2O_7$ als Oxidationsmittel für Rußbestandteile in der Lösung und anschließende Titration der verbleibenden $K_2Cr_2O_7$-Menge (*Mrose* 1959)

– Farbvergleich
Rußkonzentrationsbestimmungen in Staubniederschlägen, die nach einer komplizierten chemischen Vorbehandlung der Probe auf einen Farbvergleich mit einer Standard-Eichskala hinauslaufen (*Kettner* 1968)

Als Ergebnis ist festzustellen, daß die letzteren Verfahren einen Arbeitsaufwand erfordern, der für Routinemessungen nicht vertretbar ist. Selbst die im Meteorologischen Dienst der DDR bereits erfolgreich angewendete Methode der elektronenmikroskopischen Rußkonzentrationsbestimmung (*Zier* und *Gast* 1985) kann aus gleichen Gründen für den Routinebetrieb nicht direkt eingesetzt werden. Des weiteren kann man aber einschätzen, daß elektronenmikroskopisch bestimmte Rußkonzentrationswerte sehr gut mit internationalen Werten übereinstimmen (Tab. 1), präzise ermittelt werden können und damit geeignet sind, zur Eichung eines photometrischen Verfahrens herangezogen zu werden.

Im weiteren soll eine Meßmethodik vorgestellt werden, die durch Kombination von Transmissionselektronenmikroskopie und Photometrie eine routinemäßige Erfassung atmosphärischer Rußkonzentrationen ermöglicht.

2.1. Gerätetechnik

Verwendet wird ein Transmissions-Elektronenmikroskop KEM 1–2 des Werkes für Fernsehelektronik Berlin mit 60 kV-Beschleunigungsspannung und einer Maximalvergrößerung von 50000.

Des weiteren steht das Schnellphotometer G II/G III des VEB Carl-Zeiss-Jena zur Verfügung. Als Lichtquelle dient eine 12 V, 50 W Lichtwurflampe für polychromatisches, weißes Licht.

2.2. Elektronenmikroskopische Bestimmung der Rußkonzentration

Zur Eichung des photometrischen Verfahrens wurden Membranfilter unterschiedlichen Schwärzungsgrades herangezogen, die sowohl im Meßnetz der Stadt Dresden (*Schneider/Prietsch/Gast* 1986) als auch am Meteorologischen Observatorium Wahnsdorf gewonnen wurden. (Filtertyp Synpor 8, ČSSR, mit einem Durchmesser von 35 mm und einem Porendurchmesser von 0.23 µm).

Die Probenahme erfolgte intermittierend, jeweils über 24 Stunden, in dem für den MD standardisiert eingesetzten Stahlmeßschrank in einer Höhe von 2 m über Grund. Der Luftstrom wurde elektronisch stabilisiert, die insgesamt durch den Filter gesaugte Luftmenge betrug ca. 1–2 m³.

Setzt man für Rußpartikeln eine Dichte von $\varrho = 0.1$ g/cm³ an, so erreichen alle Rußteilchen mit einem Durchmesser < 160 µm die Filteroberfläche.

Die mit dieser Probenahmetechnik gewonnenen bestaubten Membranfilter wurden mittels Methylglykol oder Cyclohexanon für den Elektronen- und Lichtstrom nach einem speziellen Präparationsverfahren transparent gemacht. Nach Transformation der Staubpartikel auf einen mit einem Kohle- oder Kollodiumfilm beschichteten

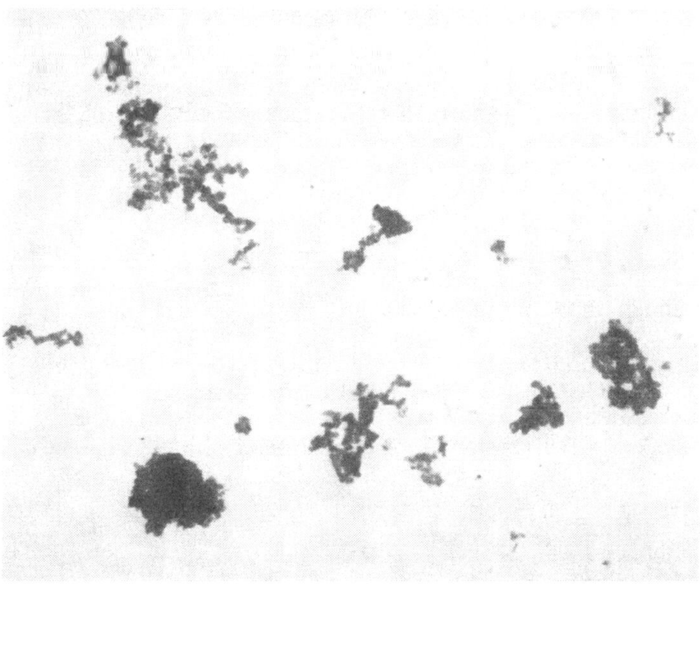

Abb. 1. Rußpartikeln in einer Schwebstaubprobe, Elektronenmikroskopie-Aufnahme (TEM), $V = 1 : 30000$
Fig. 1. Soot particles in a suspended-dust sample; electron-microscopic photograph (TEM), $V = 1 : 30000$

elektronenmikroskopischen Präparateträger wurden bei 30000-, 10000- und 4000facher Vergrößerung ca. 500–1000 Rußteilchen je Filter analysiert und letztendlich in 12 Größenklassen (0.2–5.0 µm) klassifiziert. Rußteilchen werden dabei erstens auf Grund ihrer Kettenstruktur identifiziert und zweitens dadurch, daß sie bereits bei niedrigen Beschleunigungsspannungen von ca. 40 kV als transparent erscheinen. Dabei wird der Teilchendurchmesser festgelegt auf Grund der Übereinstimmung einer Kreisfläche mit der summarischen Fläche der Rußpartikel. Die Abb. 1 vermittelt einen Eindruck vom Präparat einer Staubprobe, das grundsätzlich Ausgangspunkt für weitere Analysen ist und zwar sowohl für die elektronenmikroskopische Analyse als auch für die Photometrie. Dabei ist auffällig, daß im wesentlichen nur Rußteilchen als feste Partikeln vorhanden sind und im photometrischen Prozeß lichtschwächend wirken können.

Das Verfahren der Probenahme, der Präparationstechnik und der Elektronenmikroskopie ist beschrieben bei *Zier* und *Gast* 1985 und *Zier/Götz* 1982. Nach Umrechnung der in den einzelnen Vergrößerungsbereichen analysierten und klassifizierten Teilchenzahlen auf eine Bezugsfläche, deren Größe sich aus statistischen Überlegungen zum Mindeststichprobenumfang ergibt (T_{ANZ}), läßt sich aus Formel (1) die Gesamt-Rußteilchenanzahl T_G je Klasse und je Liter durchgesaugten Luftvolumens berechnen.

$$T_G = 40.5 \cdot \frac{T_{ANZ}}{V_L} \text{ [Teilchen/Liter]} \quad V_L\text{: Luftdurchsatz [m}^3\text{]} \tag{1}$$

T_G bezieht sich hierbei auf die gesamte bestaubte Filterfläche mit einem Durchmesser von $d = 25$ mm.

Aus T_G läßt sich dann auf die klassenbezogenen Gesamt-Volumina der Rußpartikeln schließen, und unter Zugrundelegung einer Rußdichte von $\varrho = 0.1$ g/cm³ ergibt sich die Rußkonzentration C_S in der Maßeinheit [µg/m³]

$$C_s = 10^{-4} \sum_i Vi, \quad i\text{-Klassenindex} \tag{2}$$

Damit sind Vergleiche mit international erzielten und publizierten Ergebnissen möglich.

2.2. Photometrische Bestimmung der Extinktion

Das eigentliche photometrische Analyseverfahren setzt in unserem Falle voraus, daß bei Durchstrahlung des Präparates eines bestaubten Membranfilters, z. B. mit sichtbarem, weißem Licht eine definierte Beziehung zwischen der Rußmasse auf dem Filter und der Lichtintensitätsschwächung existiert.

In Zusammenhang mit der Erarbeitung einer Photometer-Eichkurve als Darstellung der Abhängigkeit der Extinktion E von der Filter-Rußmasse m_s' ergibt sich nach dem Lambert-Beer'schen Gesetz[1]) eine direkte Proportionalität zur Ruß-Filterkonzentration c_s' und damit zur Rußmasse m_s' auf dem Filter

$$E = \varepsilon \cdot c_s' \cdot x \tag{3}$$
$$E \sim m_s'$$

wobei $E = \lg I_0/I = \lg 1/D$ (4)

mit I_0 : Lichtintensität vor Probendurchgang
I : Lichtintensität nach Probendurchgang
D : sog. Durchlässigkeit oder Transmission
x : durchstrahlte Schichtdicke
E : Extinktion
ε : molarer, dekadischer Extinktionskoeffizient

Die sich ergebende lineare Beziehung zwischen E und m_s' erfordert somit eine Umrechnung der elektronenmikroskopisch bestimmten atmosphärischen Rußkonzentrationen C_s in filterspezifischen Rußmassen m_s':

$$m_s' = C_s \cdot V_L \tag{5}$$

Zur praktischen Ermittlung der jeweiligen Extinktionswerte wird ein Teil des bestaubten Membranfilters durch Methylglykol (analog zur Elektronenmikroskopie) auf einem Glasobjektträger transparent gemacht. Anschließend wird dafür gesorgt, daß das Licht der Photometer-Lichtwurflampe das transparente Membranfilterpräparat zwischen Beleuchtungs- und Abbildungsobjektiv durchsetzt, wobei die ursprüngliche Lichtintensität geschwächt wird. Ein entsprechender Extinktionswert kann abgelesen werden. Als Bezugswert für 100%igen Lichtdurchgang, dem entspricht eine Extinktion $E = 0$, wurde der Lichtweg durch den reinen Glasobjektträger gewählt.

2.3. Zusammenhang zwischen Rußmasse und Extinktion (Eichkurve)

Zur Ermittlung des Zusammenhanges zwischen Rußmasse und Extinktion wurde auf 54 Membranfilterproben elektronenmikroskopisch der Rußmassenanteil und photometrisch der Wert der Extinktion bestimmt.

Die Ergebnisse sind der Tab. 2 zu entnehmen und wurden graphisch in Abb. 2 veranschaulicht.

Entsprechend Gleichung (3) ergibt sich für die Eichkurve der erwartete lineare Zusammenhang zwischen der Rußmasse m_s' auf dem Filter und der Extinktion E

$$E = a + b \cdot m_s' \tag{6}$$

[1]) Infolge Wellenlängenunabhängigkeit der Absorption von Rußpartikeln im sichtbaren Spektralbereich kann das Gesetz ohne Bedenken angewendet werden.

Tabelle 2
Zusammenhang zwischen der Rußmasse einer Filterprobe und der Extinktion

Nr.	$m_s'/\mu g$	E	Nr.	$m_s'/\mu g$	E	Nr.	$m_s'/\mu g$	E
1	2.7	0.119	21	1.1	0.029	41	3.4	0.146
2	2.6	0.072	22	0.6	0.013	42	4.6	0.185
3	2.1	0.066	23	1.4	0.037	43	5.0	0.184
4	1.6	0.027	24	0.6	0.020	44	5.2	0.218
5	0.5	0.023	25	0.6	0.013	45	4.1	0.204
6	2.3	0.051	26	0.7	0.021	46	3.0	0.125
7	4.0	0.155	27	0.3	0.020	47	3.5	0.180
8	1.3	0.053	28	1.5	0.036	48	3.9	0.211
9	2.6	0.066	29	1.3	0.047	49	4.3	0.222
10	2.0	0.073	30	1.3	0.051	50	3.6	0.108
11	0.5	0.019	31	1.3	0.046	51	3.9	0.194
12	0.6	0.034	32	0.9	0.023	52	5.5	0.222
13	1.4	0.045	33	0.3	0.019	53	3.8	0.215
14	3.7	0.204	34	2.6	0.060	54	3.7	0.120
15	3.1	0.146	35	3.5	0.102	55		
16	2.4	0.115	36	1.9	0.068	56		
17	1.1	0.036	37	1.8	0.061	57		
18	1.8	0.050	38	3.1	0.086	58		
19	0.4	0.017	39	4.6	0.184	59		
20	1.2	0.038	40	3.2	0.131	60		

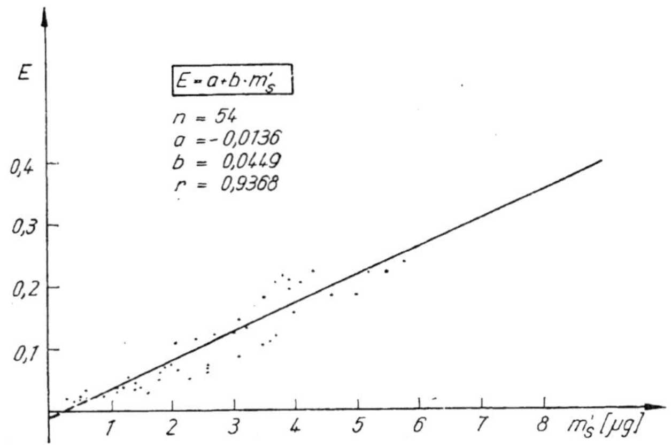

Abb. 2. Eichkurve zur photometrischen Rußbestimmung
Fig. 2. Calibration curve for photogrammetric analysis of soot

Eine optimale Anpassung der Geraden für $n=54$ Meßwertpaare erfolgte durch lineare Regression. Für den Regressionskoeffizienten und die Regressionskonstante ergeben sich folgende Werte

$$a = -0.0136 \pm 0.0129$$
$$b = 0.0449 \pm 0.0046$$

bei einer statistischen Sicherheit von $P=95\ \%$.

Der Korrelationskoeffizient ist mit

$$r = 0.9368$$

sehr hoch und weist auf einen gut gesicherten, straffen Zusammenhang zwischen der Rußmasse auf dem Filter und der Extinktion hin.

Bei Einsatz des Verfahrens im Routinebetrieb zur Bestimmung der atmosphärischen Rußkonzentrationen können somit zu analysierende Membranfilter photometriert, Extinktionen bestimmt und auf Grund der linearen Beziehung (6) bzw. der Eichkurve (Abb. 2) in Rußmassen m_s' umgerechnet werden.

Da gleichzeitig das durch den Filter gesaugte Luftvolumen V_L/m^3 bekannt ist, läßt sich über Formel

$$C_s = m_s'/V_L$$

die gesuchte Rußkonzentration $C_s[\mu g/m^3]$ im atmosphärischen Aerosol ermitteln.

Die Eichkurve gestattet mit hinreichender Genauigkeit und Sicherheit Rußmassen bis zu einem Wert von $m_s' = 9\ \mu g$ absolut zu bestimmen (Problem der Belegungsdichte in Zusammenhang mit elektronenmikroskopischen Auswertungen). Aus Überprüfungsmessungen hat sich ergeben, daß Filter mit Schwärzungen im Rußmassenbereich $m_s' = 2$–$6\ \mu g$ die geringsten Unregelmäßigkeiten aufweisen. Auf Grund dessen sind die Stationen des Luftverunreinigungsmeßnetzes des MD angehalten, die zeitlichen Intermittierungsabstände bei der Probenahme nach Vorgabe so zu wählen, daß sich Schwärzungsgrade im optimalen Massenbereich ergeben.

Es sei an dieser Stelle nochmals darauf hingewiesen, daß gerade die Rußkomponente im atmosphärischen Aerosol maßgeblich für die Absorption von Licht verantwortlich ist. Neben allgemeinen Veröffentlichungen zur Beeinflussung der Strahlungsbilanz durch Rußpartikeln (*Kellogg*, WMO-Bulletin XXVI, *Chylek/Ramaswamy/*

Cheng 1984, *Gerber/Hindman* 1982, *Porch/MacCracken* 1982, *Tarasova/Fejgel'son* 1982) ermittelten *Japar/Brachaczek/Gorse* 1986 unter Zugrundelegung einer kombinierten thermisch-optischen Meßmethode, daß mehr als 95 % der summarischen Lichtabsorption im atmosphärischen Aerosol auf elementaren Kohlenstoff (Ruß) zurückzuführen sind. (Messung der Transmission durch einen bestaubten Filter vor und nach einem Brennprozeß, Eliminierung organischer Kohlenstoffkomponenten, Differenzbetrachtung der Transmissionswerte mit unmittelbarem Rückschluß auf die quantitative Absorptionsfähigkeit des elementaren Kohlenstoffs).

3. Fehlerstatistik

In Zusammenhang mit Fehlerbetrachtungen zum Meßverfahren wurde der Einfluß der Glasobjektträgerstärke (industriell unterschiedlich gefertigt, Bereich 940–970 μm) und der Membranfilterstärke (90–240 μm) auf die Änderung der Lichtdurchlässigkeit untersucht (Tab. 3), wobei der zuerst genannte Einfluß schon dadurch eliminiert wird, daß die Photometer-Eichung sich auf den Lichtdurchgang durch den jeweils gereinigten Glasobjektträger bezieht.

Tabelle 3
Einfluß verschiedener Fehlerquellen auf das Meßergebnis

Fehlerquelle	Variationskoeffizient [%]	relativer Fehler [%]
Glasobjektträgerstärke	0.26	0.6
Membranfilterstärke	0.34	0.8
Einzelmessung	8.7	17.6

Weitere Rechnungen zum Fehler einer Einzelmessung beziehen sich auf den Fehler des Extinktionswertes bzw. der zugehörigen Rußmasse, der auftritt, wenn für jeden zu analysierenden Filter nur ein Meßwert an einer beliebigen Stelle des Filterpräparates ermittelt wird.

Zu diesem Zweck wurde der lt. Eichkurve demonstrierte mögliche Rußmassen-Meßbereich in 7 Teilgebiete untergliedert:

1. 0.6–0.7 μg
2. 0.8–1.3 μg
3. 1.4–2.1 μg
4. 2.0–3.8 μg
5. 4.0–4.5 μg
6. 5.5–6.4 μg
7. 6.8–9.1 μg

Für jedes Teilgebiet wurden 5 Filter ausgewählt, auf deren Präparaten an jeweils 8 verschiedenen, willkürlichen Stellen Extinktionsmessungen vorgenommen wurden. Die statistischen Maßzahlen der Zusammenfassung aller Serien sind ebenfalls der Tab. 3 zu entnehmen. Es konnte festgestellt werden, daß der Gesamtvariationskoeffizient über alle 7 Rußmassen-Teilgebiete keinen systematischen Gang zeigt, sondern zufällig um den Mittelwert $\bar{v}_g = 7.1$ % schwankt. (Tab. 4)

Tabelle 4
Gesamt-Variationskoeffizient der Rußmassenbestimmung in verschiedenen Rußmassenbereichen

Rußmassenbereich m_s'/μg	Gesamt-Variationskoeffizient v_g[%]
0.6–0.7	8.7
0.8–1.3	6.5
1.4–2.1	7.4
2.0–3.8	7.2
4.0–4.5	5.3
5.5–6.4	7.1
6.8–9.1	7.3

Legt man den höchsten Variationskoeffizienten $v_g = 8.7$ % zugrunde, so ergibt sich bei einer statistischen Sicherheit von $P = 95$ % der relative Fehler einer Einzelmessung zu weniger als 17.6 %. Bei Doppelbestimmungen ist der Fehler weiterhin zu senken. Vergleichende Betrachtungen mit internationalen Literaturangaben weisen gem. Tab. 1 aus, daß grundsätzlich Fehler im Bereich von 15–50 % zu erwarten sind. (Das Oxidationsverfahren durch $K_2Cr_2O_7$ ist zwar mit einem geringeren Fehler behaftet, liefert dafür aber Rußkonzentrations-Ergebnisse, die weit außerhalb international vergleichbarer Messungen liegen und daher angezweifelt werden müssen).

4. Praktische Erprobung des Verfahrens

Zur praktischen Erprobung des photometrischen Verfahrens der Rußkonzentrationsbestimmung im atmosphärischen Aerosol wurden drei Meßstationen (MS 1, MS 2, MS 3) ausgewählt, die von ihrer Schwebstaubbelastung her gesehen als niedrig, mittel und hoch einzustufen waren.

Der Erprobungszeitraum erstreckte sich für die einzelnen Meßstationen wie folgt:

MS 1 : 6/86– 8/86
MS 2 : 9/86–11/86
MS 3 : 9/86–12/86

Die Probenahme erfolgte täglich, jeweils über 24 Stunden. Mit Hilfe der an den Stationen gewonnenen Membranfilterstaubproben wurden an zentraler Stelle die Rußkonzentrationen (C_s) bestimmt. Als Ergebnis konnten für das Stadtrandgebiet verschiedener Städte der DDR atmosphärische Rußkonzentrationen im Mittel von $\overline{C}_s = 2.1\,\mu g/m^3$ und für ländliche Gebiete im Mittel von $\overline{C}_s = 0.4\,\mu g/m^3$ festgestellt werden.

Die Meßwerte der Rußkonzentrationen wurden den im gleichen Meßzeitraum ermittelten Werten der Schwebestaubkonzentrationen (C_{TSP}) gegenübergestellt und die Regressionsgeraden berechnet.

Die zeichnerische Darstellung der Regressionsgeraden in Abb. 3 läßt unterschiedliche Anstiege der Geraden für die einzelnen Luftverunreinigungs-Meßstellen erkennen.

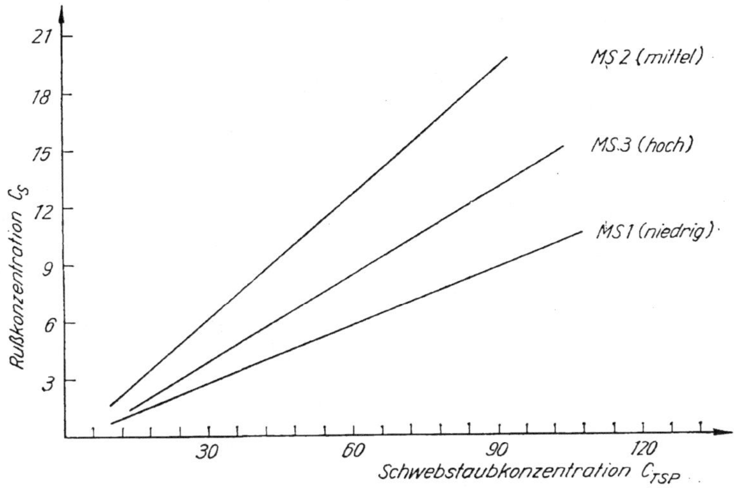

Abb. 3. Gegenüberstellung der Regressionsgeraden unterschiedlich schwebstaubbelasteter Meßstationen (in relativen Einheiten)

Fig. 3. Comparison of the regression lines of stations with different suspended-dust loads (relative units)

Diese Unterschiede sind offenbar stationsspezifisch (unterschiedliche Belastungssituationen infolge emissionsseitig bedingt erhöhtem Rußanteil im Schwebstaub), können aber auch zusätzlich saisonbedingt durch Überschneidung der Jahreszeiten im Meßzeitraum sein. Weiterhin wurden aus den vorliegenden Meßwerten für die drei in den Probebetrieb einbezogenen Luftverunreinigungs-Meßstellen die Korrelationskoeffizienten zwischen Rußkonzentration und Schwebstaubkonzentration ermittelt (Tab. 5)

Tabelle 5
Korrelationskoeffizienten r des Zusammenhanges Ruß-/Schwebstaubkonzentration an unterschiedlichen Stationen

Station	$r_{s,STP}$
MS1	0.881
MS2	0.905
MS3	0.931

Im Gegensatz zu einigen Literaturstellen (*Zierock* 1983, *Wolff/Countess/Groblicki/Ferman/Cadle/Muhlbaier* 1981), in denen meistens auf Grund einer besonderen Lage des Meßpunktes nur sehr niedrige Korrelationskoeffizienten $r_{s,TSP}$ gefunden wurden, z. B. *Delumyea* et al. 1980 mit $r_{s,TSP} = -0.15$, erhalten wir an Meteorologischen Stationen mit einem gebietsspezifisch repräsentativen Luftverunreinigungsniveau Korrelationskoeffizienten von $\bar{r}_{s,TSP} = 0.906$ (als Mittelwert). Dieser hohe Wert weist auf einen straffen Zusammenhang zwischen dem Verlauf der Ruß- und Schwebstaubkonzentration hin.

Des weiteren konnte festgestellt werden, daß sowohl die während des Erprobungszeitraumes ermittelten Rußkonzentrationen als auch die prozentualen Anteile der Rußkonzentration an der Schwebstaubkonzentration in der Größenordnung 1–2 % für ländliche bzw. Stadtrandgebiete mit internationalen Ergebnissen gut übereinstimmen. (Tab. 1)

5. Zusammenfassung

Entwickelt wurde ein photometrisches Meßverfahren zur routinemäßigen Erfassung der atmosphärischen Rußkonzentrationen im Rahmen des Luftverunreinigungsmeßnetzes des Meteorologischen Dienstes der DDR.

Zur Einschätzung der Leistungsparameter des Verfahrens kann folgendes festgestellt werden:

1. Zur Eichung des Photometers und zur damit verbundenen Erarbeitung des Zusammenhangs zwischen Rußmasse auf dem Filter und Lichtabsorption bei Durchstrahlung des Filters (Extinktion) wurde das genaue Verfahren der Elektronenmikroskopie herangezogen. Andere Autoren verwenden z. B. selbst hergestellte Standardrußproben, durch Ultraschall erzeugte stabile Eichlösungen oder komplizierte chemische Verfahren über deren Genauigkeit keine exakten Angaben vorliegen.
2. Die mit den Verfahren der Photometrie und Elektronenmikroskopie erhaltenen Ergebnisse für atmosphärische Rußkonzentrationen in ausgewählten städtischen und ländlichen Gebieten der DDR, d. h. 2.1–6.3 $\mu g/m^3$ bzw. 0.4–1.0 $\mu g/m^3$, stimmen in den Grenzen des Variationsbereiches internationaler Messungen gut überein.

   Das gleiche gilt für die Verhältnisse von Rußkonzentrationen C_s zu Schwebstaubkonzentrationen C_{TSP}, die im Durchschnitt international zwischen 2–8 % liegen und von uns durchaus bestätigt werden können. Ausnahmen existieren im wesentlichen nur für exponierte Großstädte wie z. B. Tokio oder New York oder im Falle besonderer meteorologischer Bedingungen.
3. Die Nachweisgrenze der am MO Wahnsdorf entwickelten Methode zur atmosphärischen Rußkonzentrationsbestimmung unterliegt in Richtung hoher Konzentrationen keinen Beschränkungen, da die zu analysierende Rußmasse durch Senkung des Luftdurchsatzes immer in den optimalen Bereich von $m_s' = 2–6$ µg Ruß eingeregelt werden kann.

   Die untere Grenze der im Fehlerbereich von < 17 % feststellbaren Rußkonzentrationen liegt unter Zugrundelegung derzeitiger Probenahmetechnik und Probenahmebedingungen (max. Luftdurchsatz von ca. 20 m^3/24 Std. für Filter des Typs Synpor 8) bei $C_s = 0.05–0.1$ $\mu g/m^2$. Grundlage dafür sind die lt. Eichkurve mit hinreichender Genauigkeit bestimmbaren Rußmassen von $m_s' > 1$ µg.
4. International kann anhand der Gesamtliteratur und der Auswahl in Tab. 1 festgestellt werden, daß zum großen Teil keine Angaben über die Fehlergenauigkeit des Meßwertes gemacht werden. Gemessen an vorhandenen Fehlerangaben äquivalenter Rußkonzentrations-Bestimmungsverfahren (15–50 %) liegt das hier vorgestellte Meßverfahren mit 17 % Fehlergenauigkeit für die Ermittlung eines Einzelmeßwertes an der unteren Grenze des o. g. Bereiches.
5. Das in diesem Bericht unterbreitete Verfahren kann mit relativ geringem personellen und gerätetechnischen Aufwand im Routinebetrieb eines umfangreichen Luftverunreinigungsmeßnetzes eingesetzt werden.

Literatur

Altenburger, J.: Auswertungen von Rußbestimmungen im Sedimentationsstaub, Z. ges. Hyg. **25** (1979), **3**, 216

Benner, W. H., R. Brodzinsky, T. Novakov: Oxidation of SO_2 in droplets which contain soot particles, Atm. Environ. **16** (1982) 6, 1333–1339

Bredel, H.: Bestimmung des Schwebstaub-, Blei-, Ruß- und SO_2-Gehaltes der Luft im Stadtzentrum von Leipzig, Z. ges. Hyg. **20**, (1974) 472

Brodzinsky, R., S. G. Chang, S. S. Markovitz, T. Novakov: Kinetics and mechanism for the catalytic oxidation of sulfur dioxide on carbon in aqueous suspensions, J. phys. Chem. **84** (1980), 3354–3358

Butler, J. D., P. Crossley: Reactivity of polycyclic aromatic hydrocarbons adsorbed on soot particles, Atm. Environment **15** (1981) 1, 91–94

Chang, S. G., R. Tossi, T. Novakov: The importance of soot particles and nitrous acid in oxidizing SO_2 in atmospheric aqueous droplets, Atm. Environment **15** (1981), 1287–1292

Chylek, P., V. Ramaswamy, R. J. Cheng: Effect of graphitic carbon on the albedo of clouds, J. Atm. Sciences **41** (1984), 21, 3076–3084

Clarke, A. D., K. J. Noone: Soot in the arctiv snowpack: a cause for perturbations in radiative transfer, Atm. Environment **19** (1985) 12, 2045–2053

Clarke, A. D., R. J. Charlson, L. F. Radke: Airborne observations of Arctic aerosol IV. Optical properties of Arctic haze, Geophys. Res. Lett. **11** (1984) 405

Delumyea, R. G. et al.: Determination of elemental carbon component of soot in ambient aerosol samples, Atm. Environment **14** (1980) 647

Gerber, H. R., R. E. Hindman: Light absorption by aerosol particles, Hampton, Spectrum Press, 1982, 420 S.

Hansen, A. D. A.: H. Rosen: Horizontal inhomogeneities in the particulate carbon component of the Arctic haze, Atm. Environment **19** (1985) 12, 2175

Hansen, A. D. A., The use of an optical attenuation technique to estimate the carbonaceous component of urban aerosols, Lawrence Berkely Laboratory Report LBL – 10737, S. 16–21

Heintzenberg, J.: Size-segregated measurements of particulate elemental carbon and aerosol light absorption at remote arctic locations, Atm. Environment **16** (1982) 10, 2461–2469

Heintzenberg, J.: Size distribution of elemental carbon, sulphur and total mass in the radius range 10^{-6} to 10^{-4} cm, Science of the total Environment **36** (1984) 289

Heintzenberg, J.: Elemental Carbon in the urban aerosol: Results of a seventeen month-study in Hamburg. FRG, Science of the total Environment **36** (1984) 27

Japar, S. M., W. W. Brachaczek, R. A. Gorse: The contribution of elemental Carbon to the optical properties of rural atmospheric aerosols, Atm. Environment **20** (1986) 6, 1281–1289

Jennings, S. G., R. G. Pinnick: Relationships between visible extinction, absorption and mass concentration of carbonaceous smokes, Atm. Environment **14** (1980) 1123–1129

Kellogg, W. W.: Efffects of human activities on global climate, Part. I WMO-Bulletien **XXVI**, **4**, 229–240

Kettner, H.: Bestimmung des Rußgehaltes in Staubniederschlägen, Gesundheitsingenieur **89** (1968) 215

Kettner, H., R. Langmann: Zur Frage des Auftretens von Belästigungen durch Ruß, Öffentl. Gesundheitswesen **32** (1970) 346–348

Lahaye, J., G. Prado: In situ characterization of soot aerosols by scattering and absorption of a laser beam, in: Atmospheric Pollution 1980, Studies in Environmental Science, Amsterdam 1980, Vol. **8**, 297–302

Lin, C. L., M. B. Baker, R. J. Charlson: Absorption coefficient for atmospheric aerosols: a method for measurements, Appl. Opt. **12** (1973) 1356–1363

Mrose, H.: Reduzierende Spurenstoffe in der Atmosphäre, Z. Meteorol. **13** (1959) 51

Novakov, T., S. G. Chang, A. B. Harker: Sulfates as pollution particulates: Catalytic formation on carbon (soot) particles, Science **136** (1974) 259–261

Ogren, J. A., R. J. Charlson: Elemental carbon in the atmosphere: cycle and lifetime, Tellus **35** B (1983) 5, 241–254

Ohta, S., Z. Okita: Measurements of particulate carbon in urban and marine air in japanese areas, Atm. Environment **18** (1984), 2439–2445

Porch, W. M., M. C. MacCracken: Parametric study of the effects of Arctic soot on solar radiation, Atm. Environment **16** (1982) 6, 1365–1371

Rosen, H., T. Novakov: Identification of primary particulate carbon and sulfate species by RAMAN-spectroscopy, Atm. Environmental **12** (1978), 923

Rosen, H, A. D. A. Hansen, A. Gundel, T. Novakov: Identification of the optically absorbing component in urban aerosols, Appl. Opt. **17** (1978), 3859–3861

Rosen, H. H., A. D. A. Hansen, R. L. Dod, T. Novakov: Soot in urban atmospheres: Determination by an optical absorption technique, Science **208** (1980), 741–743

Rosen, H., T. Novakov: Soot in the Arctic Atm. Environment **15** (1981) 8, 1371–1374

Schneider, B., W. Prietsch, M. Gast: Theoretische und experimentelle Bestimmung von Immissionskonzentrationen in der Umgebung von Verkehrsstraßen, DIE STRASSE **26** (1986) 12, 357–360

Shah, J. J., R. L. Johnson, E. K. Heyerdahl, J. J. Huntzicker: Carbonaceous Aerosol at Urban and Rural Sites in the United States, J. APCA 36 (1986) **3**, 254–257

Szkarlat, A. C., S. M. Japar: Optical and chemical properties of particle emissions from on-road vehicles, J. APCA **33**, (1983) 6, 592–597

Tarasova, T. A., E. M. Fejgel'son: Vliânie troposfernogo aerozola na integral'noe albedo sistemy atmosfera – pedstilaûsaâ poverhnost' Izv. AN. SSSR, Fiz. Atm. Okeana **18** (1982) 11, 1199–1206

Tartarelli, R., P. Davini, F. Morelli, P. Corsi: Interactions between SO_2 and carbonaceous particulates, Atm. Environment **12** (1978), 289–293

Wolff, G. T.: Particulate elemental carbon in the atmosphere, J. APCA **31** (1981) 9, 935–938

Wolff, G. T., R. J. Countess, P. J. Groblicki, M. A. Ferman, S. H. Cadle, J. L. Muhlbaier: Visibility-reducing species in the Denver „Brown Cloud" – II. Sources and temporal patterns, Atm. Environment **15** (1981) 12, 2485–2502

Wolff, G. T., P. J. Groblicki, S. Cadle, R. J. Countess: Particulate carbon at various locations in the U.S.A., in: Particulate Carbon: Atmospheric Life Cycle (ed. *Wolff, G. T.* and *Klimisch, R. L.*) Plenum Press, New York (1982), 297–315

Wolff, G. T., M. A. Ferman, N. A. Kelly, D. P. Stroup, M. S. Ruthkosky: The relationships between the chemical composition of fine particles and visibility in the Detroit Metropolitan area, J. Air Poll. Contr. Assoc. **32** (1982) 12, 1216–1220

Wolff, G. T., G. M. Stroup, D. P. Stroup: The coefficient of haze as a measure of particulate elemental carbon, J. APCA 33 (1983) 8, 746–750

Zierock, K.-H.: Charakterisierung der partikelförmigen Emissionen von Dieselmotoren, Staub-Reinhaltung der Luft **43** (1983) 6, 241–247

Zier, M., M. Gast: On the small scale variations of the near-surface concentrations of soot and total suspended particles in a city J. Rech. Atmos. **19** (1985), 2–3, 287–293

Zier, M., D. Götz: Ein Verfahren zur Bestimmung der Asbest- und Rußkonzentration in der Atmosphäre mit Hilfe der Transmissionselektronenmikroskopie. Z. ges. Hyg. **28** (1982), 858–862

Anschrift: Dr. sc. techn. Dr. rer. nat. M. Gast, Ing. D. Götz, Meteorologischer Dienst der DDR, Meteorologisches Observatorium Wahnsdorf, Altwahnsdorf 12, Radebeul 5, DDR - 8122

Manuskripteingang: 5. 12. 1987

Z. Meteorol. 38 (1988) 5, 324–327

551.551.8

Herleitung einer Differentialgleichung für die Beschreibung der Ausbreitung von Gasen anderer Dichte als Luft in der Atmosphäre

Von R. Schenk und H. Windisch

Zusammenfassung. Anhand der Herleitung der Stofftransportgleichung aus der Maxwellschen Transportgleichung wird aufgezeigt, welche Forderungen gestellt werden müssen, um diese Gleichung zu erhalten. Um Ausbreitungsvorgänge von schweren Gasen in der Atmosphäre zu erfassen, wird die Forderung $v_j \frac{\partial v_i^B}{\partial x_j} = 0$ durch die Bedingung $v_j \frac{\partial v_i^B}{\partial x_j} = g \frac{\Delta T}{T}$ ersetzt.

Dadurch ergibt sich eine veränderte Stofftransportgleichung, welche für die Berechnung der Ausbreitung von schweren Gasen geeignet erscheint.

Summary. The derivation of the equation for material transport from the Maxwell transport equation is suitable to demonstrate which requirements must be established to obtain this equation. Taking dispersion processes of heavy gases in the atmosphere into consideration, the requirement $v_j \frac{\partial v_i^B}{\partial x_j} = 0$ must be replaced by the condition $v_j \frac{\partial v_i^B}{\partial x_j} = g \frac{\Delta T}{T}$.

Thus we obtain a modified equation for material transport suitable for the calculation of dispersion of heavy gases.

Резюме. На основании разработки уравнения массообмена, основывающегося на уравнении транспорта Максвелла, показывают, какие требования и предпосылки будут действительными, чтобы получать это уравнение. Для описывания распространения тяжёлых газав в атмосфере должно заменияют условию $v_j \frac{\partial v_i^B}{\partial x_j} = 0$ на условие $v_j \frac{\partial v_i^B}{\partial k_j} = g; \frac{\Delta T}{T}$. Из этого следует изменённое уравнение массообмена, которое является пригодным для расчёта распространения тяжёлых вредных веществ.

1. Einführung

Im Komplex des Umweltschutzes und der Umweltüberwachung nehmen die Aufgaben der Ausbreitungsberechnung von Luftbeimengungen einen bedeutenden Raum ein. Um die Anforderungen aus der Praxis, welche zum Schutz und zum Wohle des Menschen dienen, weitestgehend zu befriedigen, ist es notwendig, Ausbreitungsmodelle zu entwickeln, welche diesen Anforderungen gerecht werden. Mit der Entwicklung der Rechentechnik ist hardwareseitig die Möglichkeit geschaffen, komplizierte Ausbreitungsberechnungen durchzuführen.

Ein wichtiger Problemkreis bei der Modellierung von Stofftransportvorgängen in der Atmosphäre ist die Frage nach der Ausbreitung von Gasen, welche eine zur Luft sich deutlich unterscheidende Dichte haben und relativ unverdünnt in die Atmosphäre gelangen. Dies ist häufig bei Havariesituationen der Fall. Dieser Problemkreis findet auch in der Literatur große Aufmerksamkeit (*Ooms* u. a. 1984; *Lützke* 1974, *Schönbuch, Scheller* 1981; *Eidsvik* 1980).

Dieser Artikel beschränkt sich auf die Herleitung einer Differentialgleichung, welche die Besonderheiten dieses Ausbreitungsvorgangs mit beschreibt

2. Das klassische Ausbreitungsmodell und seine Grenzen

Der Modellierung von Stofftransportvorgängen in der Atmosphäre liegt folgende partielle Differentialgleichung zugrunde:

$$\frac{\partial c^B}{\partial t} + v_i \frac{\partial c^B}{\partial x_i} - \frac{\partial}{\partial x_i} k_{ij} \frac{\partial c^B}{\partial x_i} = Q \tag{1}$$

(über doppelt auftretende Indizes wird summiert),
wobei c^B die Konzentration der Beimengung, t die Zeit, v_i die i-te Geschwindigkeitskomponente, x_i die i-te Ortsrichtung, k_{ij} der Diffusionstensor und Q ein Ausdruck für Quellen, Senken und chem. Umwandlung darstellen.

Diese Gleichung erhält man, indem man eine Massebilanzbetrachtung für die Stoffbeimengung in der Atmosphäre für ein kleines Volumen aufstellt und den Grenzübergang zu einem infinitesimal kleinen Volumen durchführt. Sie stellt eine Art Kontinuitätsgleichung für die Stoffbeimengung dar. Dieses Herangehen legt folgende Forderungen zugrunde:

- Die Beimengung bewegt sich mit der Atmosphäre, ohne diese zu beeinflussen.
- Das Geschwindigkeitsfeld ist divergenzfrei.
- Reibungseinflüsse sind nicht einbezogen.
- Eine Änderung der Bewegungsgeschwindigkeit der Beimengung gegenüber der der Luft wird nur durch konduktiven Transport zugelassen.
- Die Eigenbewegung der Beimengung durch Dichtunterschied ist nicht erfaßt.
- Vom Diffusionstensor werden nur die Hauptdiagonalelemente berücksichtigt (Orthotropie).

Mit der Nutzung von Gleichung (1) zur Behandlung von Ausbreitungsproblemen hat das Gebiet der Modellierung von Stofftransportvorgängen in der Atmosphäre eine große Erweiterung und Verbesserung erfahren, wobei die

Ausbreitungsmodelle, die auf der Grundlage der GAUSS'schen Dichtefunktion stehen, ihre Bedeutung in der Praxis behielten und weiter behalten werden.

Die Gleichung (1) für die Ausbreitung von Beimengungen in der Atmosphäre ergibt sich nun zusätzlich zu den Grundgleichungen der kinetischen Gastheorie, welche die Bewegung der Atmosphäre vollständig beschreiben.

Bei einer Reihe von Problemen sind nun einige der oben genannten Forderungen nicht mehr haltbar, da sonst die Besonderheit des Problems verlorengeht (z. B. Reibungseinflüsse, Dichteunterschiede usw.). Hier ist es notwendig, über andere Herangehensweisen Lösungswege für diese Aufgabenstellungen aufzuzeigen. Eines dieser Probleme, welches von hoher praktischer Relevanz ist, ist die Ausbreitung von Gasen anderer Dichte als Luft in der Atmosphäre.

Im folgenden Abschnitt wird eine Herleitung zur Beschreibung von Transportvorgängen von Gasgemischen (Atmosphäre und eine Beimengung) aufgezeigt.

3. Herleitung einer Differentialgleichung aus der Maxwellschen Transportgleichung für die Beschreibung der Ausbreitung von Gasen anderer Dichte als Luft

Ausgehend von den Boltzmanngleichungen für Gase

$$\left[\frac{\partial}{\partial t}+v_1\nabla_r+a\nabla_{v_1}\right]f(r, v_1, t)=J(f) \tag{2}$$

und Gasgemische

$$\left[\frac{\partial}{\partial t}+v_i\nabla_r+a_i\nabla v_i\right]f_i(r, v_i, t)=\sum_j J(f_i, f_j) \tag{3}$$

ergeben sich für ein Gemisch aus Luft und einer gasförmigen Beimengung ($i=A$ für Luft, $i=B$ für eine Beimengung) die Beziehungen:

$$\frac{Df^A}{Dt}=n^A J(f^A, f^A)+n^A J(f^A, f^B) \tag{4}$$

$$\frac{Df^B}{Dt}=n^B J(f^B, f^B)+n^B J(f^B, f^A) \tag{5}$$

wobei $\frac{D}{Dt}=\frac{\partial}{\partial t}+v_i\nabla_r+a_i\nabla v_i$ $(i=AB)$ ist,

mit $v_A\nabla_r=v_i^A\frac{\partial}{\partial x_i}$ und $a_A\nabla_{v_A}=a_i^A\frac{\partial}{\partial v_i^A}$.

Nach Multiplikation von (2) mit einer Funktion der Geschwindigkeit und Integration über v_1 unter Verwendung von

$$\bar{\Phi}=\int\frac{1}{n}\Phi f\,dv_1 \tag{6}$$

erhält man die Maxwellsche Transportgleichung für die Eigenschaft $\bar{\Phi}$:

$$\frac{\partial}{\partial t}(n\bar{\Phi})+\frac{\partial}{\partial x_i}(n\overline{v_{1_i}\Phi})-na_i\frac{\partial\Phi}{\partial v_{1_i}}=nI(\bar{\Phi}) \tag{7}$$

Setzt man in Gleichung (7) die additativen Stoßvarianten ein, so verschwinden die rechten Seiten. Es ergeben sich dann fünf Gleichungen, die den fünf Erhaltungssätzen für Masse, Energie und den drei Komponenten des Impulses entsprechen. Ausgehend von der Gleichung (5) für die Beimengung läßt sich die Maxwellsche Transportgleichung für die Beimengung analog zu Gleichung (7) herleiten.

$$\frac{\partial}{\partial t}(n^B\bar{\Phi})+\frac{\partial}{\partial x_i}(n^B\overline{v_i^B\Phi})-n^B a_i\frac{\partial\bar{\Phi}}{\partial v_i^B}=n^B I_B(\Phi)+n^B I_{BA}(\Phi) \tag{8}$$

Setzt man nun für die Eigenschaft Φ den Impuls $Q_i^B=M^B(v_i^B+\zeta_i^B)$ der Beimengung ein, so folgt aus (8) unter Benutzung folgender Beziehungen

$$\begin{aligned}&I_B(Q_i^B)=0 \qquad n^B M^B=C^B\\&\bar{v}_i^B=v_i^B\\&n^B I_{BA}(Q_i^B)=\bar{A}C^B C^A\,(v_i^A-v_i^B) \qquad (\bar{A}\text{ ist der Wechselwirkungsparameter})\\&P_{ij}^B=-c^B\zeta_i^B\zeta_j^B+\delta_{ij}P^B\end{aligned} \tag{9}$$

die Bewegungsgleichung für die Beimengung

$$c^B\left(\frac{\partial v_i^B}{\partial t}+v_j^B\frac{\partial v_i^B}{\partial x_j}\right)=\bar{A}c^A c^B\,(v_i^A-v_i^B)-\frac{\partial p^B}{\partial x_i}+\frac{\partial p_{ij}^B}{\partial x_j}. \tag{10}$$

Eine genaue Beschreibung der Herleitung ist in (*Schenk* 1986) aufgeführt. Analog gilt für die Bewegung der Atmosphäre die Gleichung

$$C^A\left(\frac{\partial v_i^A}{\partial t}+v_j^A\frac{\partial v_i^A}{\partial x_j}\right)=\bar{A}c^Bc^A\,(v_i^B-v_i^A)-\frac{\partial p^B}{\partial x_i}+\frac{\partial p_{ij}^B}{\partial x_j} \tag{11}$$

Aus Gleichung (10) läßt sich unter folgenden einschneidenden Forderungen

$$\frac{\partial v_i^B}{\partial t}=0 \qquad v_j^B\,\frac{\partial v_i^B}{\partial x_j}=0 \tag{12}$$

$$P_{ij}^B=0 \qquad T=\text{const}$$

die Beziehung $\dfrac{\partial p^B}{\partial x_i}=Ac^Bc^A\,(v_i^A-v_i^B)$ (13)

herleiten, welche unter Verwendung der Kontinuitätsgleichung für die Beimengung in die Stofftransportgleichung

$$\frac{\partial \bar{c}^B}{\partial z}+\frac{\partial(\bar{c}^Bv_i)}{\partial x_i}=\frac{\partial}{\partial x_i}\left(k_{ij}\,\frac{\partial \bar{c}^B}{\partial x_j}\right)+Q+r \tag{14}$$

überführt werden kann.

Diese Herleitung ist in (*Schenk* 1986) durchgeführt worden. Aus (14) ergibt sich dann die Grundgleichung für den Stofftransport zu

$$\frac{\partial c^B}{\partial t}+v_x\,\frac{\partial c^B}{\partial x}+v_y\,\frac{\partial c^B}{\partial y}+v_z\,\frac{\partial c^B}{\partial z}=\frac{\partial}{\partial x}\,K_x\,\frac{\partial c^B}{\partial x}+\frac{\partial}{\partial y}\,K_y\,\frac{\partial c^B}{\partial y}+\frac{\partial}{\partial z}\,K_z\,\frac{\partial c^B}{\partial z}+Q+r\,, \tag{15}$$

wobei Q und r für eventuelle Quellen/Senken bzw. Reaktionen stehen. Diese Gleichung erhält man auch, indem für ein Volumenelement die Massebilanz für die Beimengung aufgeschrieben wird. Die Gleichung (15) beinhaltet somit folgende Forderungen:

1. Das Geschwindigkeitsfeld ist divergenzfrei.
2. In der Herleitung sind keine Reibungseinflüsse einbezogen.
3. Die Temperatur wird in der ganzen Atmosphäre als konstant vorausgesetzt.
4. Die Eigenbewegung der Beimengung ist nicht erfaßt.
5. Vom Diffusionstensor werden nur die Hauptdiagonalelemente berücksichtigt (Orthotropie).

Um diese einschränkenden Forderungen zum Teil zu umgehen, werden im nachhinein halbempirische Ansätze für die Eingabegröße gemacht.

Für die uns hier interessierende Aufgabenstellung der Ausbreitung von Gasen anderer Dichte als Luft ist die Gleichung (14) nicht geeignet, da durch die Forderungen (12) gerade die Glieder der Eigenbewegung der Beimengung herausfallen. Setzt man an Stelle von

$$v_j^B\,\frac{\partial v_i^B}{\partial x_j}=0$$

eine Beschleunigung g_i (z. B. die Erdbeschleunigung) ein, so ergibt sich aus (10) die Beziehung

$$\frac{\partial p^B}{\partial x_i}=\bar{A}c^Bc^A\,(v_i^A-v_i^B)+c^Bg_i\,. \tag{16}$$

Löst man nach v_i^B auf, und benutzt die allgemeine Zustandsgleichung

$$\frac{R^BT}{V}=\frac{p^B}{M^B} \quad \text{so folgt}$$

$$v_i^B=-\frac{R^BT}{\bar{A}c^Bc^AM^B}\,\frac{\partial c^B}{\partial x_i}+\frac{g_i}{\bar{A}c^A}+v_i^A\,. \tag{17}$$

Gleichung (17) besagt, daß die Bewegung der Beimengung durch den Konzentrationsgradienten, durch die Geschwindigkeit der Atmosphäre und durch eine Beschleunigung bestimmt wird. Vollzieht man mit der Gleichung (16) und der Kontinuitätsgleichung für die Beimengung die Herleitung in *Schenk* (1986) nach, so erhält man folgende Differentialgleichung

$$\frac{\partial c^B}{\partial t}+\left(v_i+g_i\,\frac{R^A}{cR\bar{A}}\right)\frac{\partial c^B}{\partial x_i}=\frac{R^AR^BT}{cR\bar{A}}\,\frac{\partial^2c^B}{\partial x_i\partial x_i}+\frac{R^AR^Bc^B}{cR\bar{A}}\,\frac{\partial^2T}{\vartheta x_i\partial x_i}, \tag{18}$$

wobei v, c, R die entsprechenden Größen für das Gemisch darstellen.

Führt man die volle Gültigkeit der Forderungen (12) wieder ein, d. h. $g_i=0$ und $T=$ const., so folgt die Gleichung (14) mit div $(w)=0$.

Die Gleichung (18) könnte Ausgangspunkt für die Behandlung von Problemen der Ausbreitung von Gasen anderer Dichte als Luft in der Atmosphäre sein.

Eine einfache Gleichung erhält man, indem man Gleichung (16) durch

$$\frac{\partial p^B}{\partial x_i}=\bar{A}c^Bc^A\,(v_i^A-v_i^B)+c^Bg_i\,\frac{\Delta T}{T} \tag{19}$$

ersetzt. Unter der Annahme, daß $\frac{\partial}{\partial x_i}\left(\frac{\Delta T}{T}\right) \approx 0$ ist, folgt auf analogem Wege

$$\frac{\partial c^B}{\partial t} + \left(v_i + g_i \frac{R^A}{cR\bar{A}} \frac{\Delta T}{T}\right) \frac{\partial c^B}{\partial x_i} = \frac{\partial}{\partial x_i}\left(D \frac{\partial c^B}{\partial x_i}\right), \tag{20}$$

mit $D = \frac{R^A R^B T}{cR\bar{A}}$

Für eine weitere mathematische Behandlung scheint Gleichung (20) gegenüber (18) eine bessere Ausgangsposition zu liefern, wobei die entsprechenden Anfangs- und Randbedingungen die Aufgabe komplettieren würden.

4. Folgerung

Durch die derzeit stürmische Entwicklung der rechentechnischen Basis sind gute Möglichkeiten geschaffen, auch kompliziertere Differentialgleichungen näherungsweise zu lösen. Dabei ist auch die softwareseitig bereitgestellte Basis zur Lösung von Differentialgleichungen und der entsprechenden großdimensionierten Gleichungssysteme (*Schendel* 1977; *Young* 1971) zu nutzen.

Eine im Zusammenhang mit der numerischen Behandlung von Ausbreitungsvorgängen viel diskutierte Frage ist die, nach der Bereitstellung und der Genauigkeit der Eingabegrößen für ein numerisches Modell und die damit zusammenhängende Frage nach der Praktikabilität der Modelle.

In der Herleitung nach Abschnitt 3 geht es in erster Linie um die Aufhebung einer einschneidenden Forderung aus (3.10), welche für die Herleitung der klassischen Stofftransportgleichung notwendig ist, und damit deren Einfluß von vornherein ausgeschaltet wird. Daraus ergibt sich schon eine neue Qualität der hergeleiteten Differentialgleichung unabhängig von den Eingabegrößen. Des weiteren ist durch den Einsatz von modernen Meßmethoden (Doppler-SODAR u. ä.) damit zu rechnen, daß auch die Qualität der Eingabedaten in bestimmten Fällen verbessert wird. Die Bereitstellung der entsprechenden Ausbreitungssoftware, welche eine höhere Qualität der Eingabedaten verarbeiten kann, wäre somit ein wissenschaftlicher Vorlauf, der erstrebenswert ist.

Literatur

Brush, S. G.: Kinetische Theorie II, WTB-Texte 1970
Eidsvik, K. J.: A model for heavy gas dispersion in the atmosphere. Atmospheric Environment **14** (1980), 769–777
Lützke, K.: Die Ausbreitung von Flüssiggas im Freien beim Ausströmen aus der Flüssigphase. Staub-Reinhaltung der Luft **34** (1974), 41–47
Ooms, G.; Tennekes, H. (Editors): Atmospheric dispersion of heavy gases and small particles (IUTAM Symposium Delft/The Netherlands 1983), Springer-Verlag Berlin, Heidelberg, New York, Tokyo 1984
Schendel, U.: Sparse-Matrizen, Oldenbourg 1977
Schenk, R.: Die Modellierung von Schadstofftransportvorgängen auf der Grundlage verallgemeinerter Transportgesetze (Teil I), Z. Meteorol. **36** (1986), 298–303
Schönbuch, A.; Scheller, V.: Ausbreitung von Abgasfahnen, Chem.-Ing.-Techn. **53** (1981), 320–334
Sommerfeld, A; Vorlesungen über theoretische Physik Band V Thermodynamik und Statistik. Akademische Verlagsgesellschaft, Leipzig 1965
Young, D. M.: Iterative solution of large linear systems, Academic Press, New York, London 1971

Anschriften: Prof. Dr. sc. techn. R. Schenk, Technische Hochschule Zittau, Sektion Kraftwerksanlagen und Energieumwandlung, Theodor-Körner-Allee 16, Zittau DDR - 8800
Dipl.-Math. H. Windisch, Meteorologischer Dienst der DDR, Meteorologisches Observatorium Wahnsdorf, Altwahnsdorf 12, Radebeul 5, DDR - 8122

Manuskripteingang: 23. 7. 1987

Z. Meteorol. 38 (1988) 5, 328–331

551.521.2
551.521

Nonlinear sensitivity analysis of a radiation model

By M. Wendisch and L. Gónima G.

Summary: The FAST method was used to investigate the sensitivity of a model calculating the long-wave net radiation at the earth's surface. The most important input parameters under cloudless conditions are the relative humidity and the absorption coefficients of water vapor. For an overcast sky the height of the cloud base has the greatest influence on the model solution.

Zusammenfassung: FAST wurde benutzt zur Untersuchung der Sensitivität eines Modells zur Berechnung der langwelligen effektiven Ausstrahlung am Erdboden. Die wichtigsten Eingangsparameter unter wolkenlosen Bedingungen sind die relative Feuchte und die Absorptionskoeffizienten für Wasserdampf. Für bedeckten Himmel hat die Höhe der Wolkenuntergrenze den größten Einfluß auf die Modellösung.

1. Introduction

A lot of phenomena in science are described by mathematical models. In such models three different groups of input parameters are included:

- independent variables
- fixed constants
- input parameters.

The input parameters are of special interest. They may vary for different reasons, and it is very interesting for the better understanding of the model behaviour to know how uncertainties of the input parameters influencing model solutions. This is the object of the so-called sensitivity analysis.

There are many methods of systematic sensitivity analysis. For our investigations we have chosen the FAST (FOURIER Amplitude Sensitivity Test) method. FAST was mainly developed by *Cukier* et al. 1978. This is a non-linear method; thus, wide ranges of uncertainties are possible.

First of all, the ranges of uncertainties for all parameters have to be given. A search curve is constructed to vary all input parameters simultaneously. This search curve is in accordance with the probability density functions of all input parameters weighting these parameters.

Introducing an integer frequency set, the influence of each input parameter is separated. Using the search curve, combinations of the input parameters are determined. Then the model to be tested has to be solved for these combinations. The results are FOURIER analysed.

The FOURIER coefficients are used to derive suitable sensitivity measures, the so-called partial variances. The partial variance S_l determines the part of the total variance of the output function caused by the variation of the l-th input parameter. Thus it is possible to arrange all input parameters by the magnitude of their influence on model solution.

In addition to the partial variances, FAST calculates the standard deviation SD of the model results as a measure of the effects of the variation of the input parameters on the output function.

For our sensitivity test we use a numerical implementation of FAST by *Uliasz* 1984.

2. The model tested

The following equation (*Gonima* 1986) is used to compute hourly values of the long-wave net radiation at the earth's surface under all sky conditions:

$$L^{**} = 2\,(1-N) \sum_{\lambda} \left[S_\lambda(T(H))\, E_3\,(\bar{k}_{\Delta\lambda} \cdot m(H)) - \frac{hc}{k\lambda} \int_0^H \frac{S_\lambda(T(z'))}{T^2(z')} \cdot \gamma(z')\, E_3\,(\bar{k}_{\Delta\lambda} \cdot m(z'))\, \mathrm{d}z' \right] - 2N \sum_{\lambda} \frac{hc}{k\lambda} \int_0^z \frac{S_\lambda(T(z'))}{T^2(z')} \cdot \gamma(z')\, E_3\,(\bar{k}_{\Delta\lambda} \cdot m(z'))\, \mathrm{d}z' \quad (1)$$

where N is the fractional cloud cover index and H the height of the troposphere.

The present equation includes a band model to describe atmospheric absorption. The spectral range from 5 to 100 µm was used to determine the absorption coefficients $\bar{k}_{\Delta\lambda}$ for the mainly atmopsheric absorbers: water vapour, carbon dioxide and ozone. Other atmospheric constituents have a negligible effect on absorption.

To evaluate eq. (1), the effective absorbing mass $m(z')$ for each of the mentioned gases in each atmospheric layer needs to be specified.

$$m(z') = \int_0^{z'} \left(\frac{p(\eta)}{p_0}\right)^n \cdot \varrho(\eta)\, \mathrm{d}\eta \tag{2}$$

The analytical effort consists of a simple numerical technique to calculate the long-wave net radiation, both spectral and total, with an uncertainty which lies within the actual accuracy of the measurements (±20 %).

3. Results

In order to analyse the sensitivity of the L^{**}-function, a variation of the input parameters (i.e. atmospheric pressure, temperature, height of each layer and concentration distributions) is selected.

The long-wave net radiation at the earth's surface is first calculated taking into account a cloudless atmosphere. Table 1 shows as an example the variation values for the input parameters of two selected days and the corresponding partial variances. In all cases the profile values of each input parameter were changed.

Table 1
Sensitivity test results for eq. (1), cloudless sky, Lindenberg

Input parameter	16. 11. 78 a) 1.	2.	05. 12. 78 b) 1.	2.	c) 1.	2.	d) 1.	2.
$\bar{k}_{\Delta\lambda}$ (H_2O)	±10 %	3,3	±10 %	12,6	±10 %	47,2	±10 %	12,9
z	± 5 %	1,1	± 5 %	5,1	± 5 %	19,2	± 5 %	5,2
T	± 2 K	0,1	± 2 K	0,6	± 2 K	1,9	–	–
h	±15 %	94,8	±15 %	79,5	± 5 %	31,5	±15 %	81,2
p	± 5 %	0,7	± 5 %	2,2	± 5 hPa	0,2	–	
ϱ (O_3)	–	–	–	–	–	–	±30 %	0,6
$\bar{k}_{\Delta\lambda}$ (O_3)	–	–	–	–	–	–	±10 %	0,1

1. Variation range of the input parameters
2. Partial variance for each input parameter (%)

The variation of the temperature and the relative humidity in a) and b) represents the maximum expected error in the measurements of these parameters by radiosondes. Variation ranges of c) are the most acceptable values of the inaccuracy of the profile measurements.

A source of uncertainty in the calculations of L^{**} are the absorption coefficients used in the band model. At present the $\bar{k}_{\Delta\lambda}$ values are not expected to be more accurate than ±10 %.

The results shown in Table 1 demonstrate that the relative humidity and the absorption of the water vapour in the atmosphere have the largest influence on the estimation of the long-wave net radiation. The accuracy of the measurements of the height of each atmospheric layer is less important for the calculation of the long-wave radiation. Finally, the variation of the temperature and the pressure profile have an insignificant effect.

As expected, any variation in the ozone content of the atmosphere causes also a negligible change in the long-wave net radiation (see d) in Table 1).

Table 2
Standard deviation SD of the calculated L^{**} values

	16. 11. 78 a)	05. 12. 78 b)	c)	d)
1.	31,3	27,3	27,3	27,3
2.	±11,2	± 5,8	± 3,0	± 5,7

1. Calculated mean value of L^{**} (J/cm²)
2. Standard deviation related to the mean value of L^{**} (%)

Table 2 presents the effect of all variations on the calculation of the long-wave net radiation for each case. Tables 3 and 4 show the results of the variation of the input parameters for a broken cloud and an overcast sky.

Table 3
Sensitivity test results for eq. (1), broken cloud and overcast sky, Lindenberg

Input parameter	17. 05. 78 (N=2/8) 1.	2.	09. 01. 78 (N=8/8) 1.	2.
$\bar{k}_{\Delta\lambda}$ (H_2O)	±10 %	15,7	±10 %	13,7
z	± 5 %	5,7	± 5 %	70,7
T	± 2 K	2,3	± 2 K	0,8
h	±15 %	76,0	−15 %, 0 %	14,7
p	± 5 hPa	0,1	± 5 hPa	0,1
N	± 1/8	0,2	–	–

1. Variation range of the input parameters
2. Partial variance for each input parameter (%)

Table 4

Standard deviation SD of the calculated L^{**} values

	17. 05. 78	09. 01. 78
1.	28,4	2,8
2.	± 6,5	±3,4

1. Calculated mean value of L^{**} (J/cm²)
2. Standard deviation related to the mean value of L^{**} (%)

A variation in the cloudiness index of ±1/8 has a non-appreciable effect on the determination of the long-wave net radiation for a broken cloudiness sky (17. 05. 1978, height of the cloud base: 600 < 1000 m). For an overcast sky (09. 01. 1978, height of the cloud base: 1000 < 1500 m) the height of the base of the cloud has the largest influence on the long-wave net radiation. This result is the consequence of the assumption that the long-wave radiation of the cloud is equal to the radiation of a black body at the same temperature as the temperature of the cloud base. Therefore, the long-wave net radiation for an overcast sky mainly depends on the vertical position of the cloud base.

From the observational data, empirical equations for the calculation of the long-wave net radiation at the surface have been proposed. These equations treat the atmosphere as an isothermal layer with the same temperature as the surface air. Since they all have adjustable coefficients, they are not able in many cases to achieve reasonable agreement with experimental results.

Table 5

Sensitivity test results of eq. (1), cloudless sky – Lindenberg (only variation of surface parameters)

Input parameter	05. 12. 78 a) 1.	2.	b) 1.	2.
$\bar{k}_{\Delta\lambda}$ (H_2O)	±10 %	99,8	–	–
z	± 5 %	0,01	±5 %	3,7
T	± 2 K	0,06	±2 K	78,0
h	±15 %	0,12	±5 %	18,2
p	± 5 hPa	0,01	±5 hPa	0,1

1. Variation range of the input parameters
2. Partial variance for each input parameter (%)

Table 6

Standard deviation SD of the calculated L^{**} values

	05. 12. 78 a)	b)
1.	27,1	27,1
2.	± 2,1	± 0,06

1. Calculated mean value of L^{**} (J/cm²)
2. Standard deviation related to the mean value of L^{**} (%)

The results of Tables 5 and 6 confirm that a precise determination of the long-wave net radiation at the surface strongly depends on the vertical distribution of the atmospheric constituents.

If the variation of the absorption in the atmosphere is not considered, then the air temperature gives the largest contribution to the long-wave net radiation. However, this variation in the air temperature only produces a standard deviation of 0,1 % of the value of L^{**}. For this reason, the empirical equations cannot reproduce the measured values of the long-wave net radiation at the surface with the needed accuracy.

4. Conclusions

The object of this work was to validate a technique for estimating long-wave net radiation at the earth's surface under all-sky conditions. In our study we use the FAST method to analyse the effect of changes in the input parameters on the long-wave radiation. The results enable us to recognize which of the input parameters have the largest importance in calculating the long-wave radiation at the surface.

APPENDIX

Nomenclature

E_3 : exponential integral function

$$E_3(x) = \int_1^{\infty} e^{-xt} \cdot t^{-3}\, dt$$

h : relative humidity (%)
H : height of the troposphere (m)
hc/k : Planck constant ($K \cdot m$)
$\bar{k}_{\Delta\lambda}$: effective mass absorption coefficient for wavelength interval $\Delta\lambda$ (m²/kg)
L^{**} : long-wave net radiation at the surface (J/cm²)
$m(z')$: effective absorption mass for the atmospheric layer z'(kg/m²)

n : constant (0,79 for H_2O and 0,41 for O_3)
N : fractional cloud cover (octa)
$p(\eta)$: pressure of the atmospheric layer η (hPa)
p_0 : pressure of the surface air layer (hPa)
S_λ : monochromatic black-body radiation function (J/cm^2 μm)
SD : standard deviation related to the mean value (%)
S_l : partial variance of the l-th input parameter (%)
$T(z')$: temperature of the atmospheric layer z' (K)
z : height of each atmospheric layer (m)
λ : wavelength (μm)
$\varrho(z')$: gas density of the atmospheric layer z' (kg/m^3)
$\gamma(z')$: temperature gradient of the atmospheric layer z' (K/m)

References

Cukier, R. I., H. B. Levine, K. E. Shuler, Nonlinear sensitivity analysis of multiparameter model systems, J. Comp. Phys., **26** (1978), 1–42.

Gonima, L., Untersuchungen zur Berechnung der effektiven Ausstrahlung am Erdboden, PhD. thesis, Humboldt Univ. Berlin, (1986), unpublished.

Uliasz, M., FAST-Fourier amplitude sensitivity test, short manual, Tech. Univ. Warsaw, (1984), unpublished.

Adresses: Manfred Wendisch, Karl-Marx-Universität Leipzig, Sektion Physik, Wb. Geophysik, Talstr. 35, DDR 7010 - Leipzig.
Dr Leonardo Gónima G., calle 37 No. 64–15, Medellín – COLOMBIA.

Manuskripteingang: 22. 7. 1987

Buchbesprechung

Stark, B. und L. Martini: Absorptionsspektroskopische Messungen auf Raketen und Satelliten zur Bestimmung atmosphärischer Gaskonstituenten. Abhandl. d. Meteorol. Dienstes d. DDR, Nr. 138, Akademie-Verlag, Berlin 1987. 114 S., 123 Abb., 13 Tab. M 65,–

Für die aktuellen Probleme der Gefährdung der Ozonschicht und des Treibhauseffektes durch den anthropogenen CO_2-Zuwachs und andere Spurengase, aber auch für zahlreiche fundamentale Fragen der Struktur und des Strahlungsenergieumsatzes der Atmosphäre ist die quantitative Analyse der Luftzusammensetzung, insbesondere der geringeren Gasbestandteile, von entscheidender Bedeutung. Für die Höhenbereiche der Strato-, Meso- und Thermosphäre steht den teuren und aufwendigen *in-situ*-Meßtechniken (z. B. Massenspektrometer) auf Raketen und Satelliten als günstigere und leistungsfähige Alternative die Absorptionsspektroskopie gegenüber, bei der die Sonne als Strahlungsquelle benutzt wird, insbesondere im ultravioletten Spektralbereich < 300 nm. Entwicklung und Einsatz dieser experimentellen Technik wurden in der DDR bereits vor zwei Jahrzehnten im Rahmen der Interkosmos-Zusammenarbeit in Angriff genommen und am Institut für Kosmosforschung der Akademie der Wissenschaften der DDR ausgebaut. Die beiden Autoren dieser Abhandlung waren daran von Anfang an führend beteiligt und daher in hohem Maße berufen, mit diesem Band in umfassender und kompetenter Weise über die Grundlagen, die methodische und gerätetechnische Realisierung und die in der DDR erzielten wissenschaftlichen Ergebnisse absorptionsspektroskopischer Messungen Rechenschaft zu geben.

Nach einer Darstellung der physikalischen Grundlagen des Absorptionsverhaltens atmosphärischer Gasbestandteile und der Eigenschaften des solaren UV-Spektrums als Strahlungsquelle werden die zum Einsatz geeigneten Spektralphotometer und UV-Spektrometer von der Theorie bis zu Detailfragen ihrer technischen Realisierung eingehend behandelt. Angesichts der wachsenden Forderung nach absoluten solaren Strahlungsflußdaten für die Klima- und Prozeßmodellierung der Atmosphäre wird in einem besonderen Abschnitt auch auf die Spezifik und Problematik der Absoluteichung von UV-Strahlungsmeßgeräten eingegangen. Die Beschreibung der bei den Experimenten auf Interkosmos-Satelliten und -Raketen eingesetzten Geräte und ihrer Bewährung unter kosmischen Bedingungen geschieht in Verbindung mit der konzentrierten, aber sehr informativen Charakterisierung der wichtigsten wissenschaftlichen Ergebnisse über den sogenannten „zweiten Lyman-α-Absorber“ in der Thermosphäre, über den Wasserstoff in der Geokorona, über wellenartige Strukturen in der O_2-Dichte und über Ozondichte-Profile im Höhenbereich 30 bis 100 km mit ihren tages- und jahreszeitlichen Variationen, wie sie von einem größeren Kreis der an diesen Experimenten mitwirkenden Wissenschaftler der DDR erarbeitet wurden. Den Abschluß bildet eine Diskussion der möglichen und wünschenswerten Weiterentwicklung der Absorptionsspektroskopie im Rahmen eines erweiterten und vertieften experimentellen Programms zum Studium hochatmosphärischer Prozesse, mit einer neuen Variante eines UV-Gitterspektrometers und Überlegungen zur Verbesserung der Okkultationsmethode.

Der Band ist ein willkommenes und informatives Hand- und Nachschlagebuch sowohl für den Experimentator, der mit ähnlichen Projekten der Absorptionsspektroskopie befaßt ist, als auch für den Geophysiker und Meteorologen, der mit Meßdaten dieser Art arbeitet und dazu den methodischen und technischen Hintergrund kennen muß. Der aeronomisch Arbeitende begrüßt besonders die reichhaltige Wiedergabe von Diagrammen und Tabellen mit Daten über Absorptionsquerschnitte und solare Strahlungseinflüsse, die aus der umfangreichen internationalen Literatur zuammengestellt sind. Leider ist ihre genaue Zuordnung zu den im 264 Zitate umfassenden Literaturverzeichnis aufgeführten Quellen oft nicht zu erkennen. Von diesem geringfügigen Mangel abgesehen wird dieser Band für einen weitgefächerten Leserkreis interessant und nützlich sein.

J. Taubenheim

Z. Meteorol. 38 (1988) 5, 332–337

551.573
551.586:63

Berechnung der Verdunstung landwirtschaftlicher Produktionsgebiete

1. Mitteilung: Beschreibung des zur Bestimmung der aktuellen Evapotranspiration von Kulturpflanzenbeständen erarbeiteten Modells*)

Von J. Müller und G. Müller

Zusammenfassung: Unter dem Gesichtspunkt, daß die Bestimmung und Bewertung der Verdunstung landwirtschaftlicher Anbauflächen eine große volkswirtschaftliche Bedeutung besitzen, jedoch die derzeitigen Kenntnisse zum standort- und nutzungsspezifischen Wasserhaushalt in der Vegetationszeit für eine gezielte Steuerung der Ertragsbildung noch nicht ausreichen, wurde ein in der UVR entwickeltes und dort mit Erfolg angewandtes Verfahren modifiziert und an die Bedingungen der DDR angepaßt. Der im Ergebnis dieser Anpassung erhaltenen Methode zur komplexen Bestimmung der aktuellen Evapotranspiration von kulturpflanzenbeständen und des Bodenwasservorrates in der Ausschöpfungszone liegt ein Einschicht-Modell mit einem Entzugs- und einem Nachlieferungssektor zugrunde. Für die Reduktion der potentiellen Evapotranspiration mittels einer korrigierten Form des von *Antal* (1968) vorgeschlagenen Reduktionsansatzes erlangt nur der Wasservorrat im Entzugssektor Bedeutung, während der Nachlieferungssektor (Reservesektor) der ausgleichenden Wassernachführung in den Entzugssektor dient. Neben kulturpflanzenspezifischen biologisch-physiologischen Parametern, die für die Reduktion der potentiellen Evapotranspiration von Bedeutung sind, gehören auch Angaben der Dicke der Durchwurzelungsschicht sowie der Interzeptionskapazität des betrachteten Bestandes und die Werte der mittleren Feldkapazität und des Welkepunktes sowohl für die Ausschöpfungs- als auch die Durchwurzelungsschicht zu den Eingangsgrößen des Modells.

Summary: Since the determination and evaluation of evaporation on agricultural areas is of major significance to the national economy and taking into account that the current knowledge about the site- and user-specific water budget during the vegetational period is not sufficient to be applied to an organised modification of the crop yield, a procedure developed and successfully applied in Hungary was modified and adapted to the conditions prevailing in the GDR. The resulting method for the comprehensive determination of the actual evapotranspiration on stands of cultivated plants and of the soil water supply in the layer of variable moisture is based on a one-layer model which includes an upper and a lower pool. For the reduction of potential evapotranspiration using a corrected version of the reduction methods presented by *Antal* (1968) only the water supply in the upper pool is of some importance, whereas the lower pool serves as the compensating water supply within the upper pool. Apart from biological and physiological parameters which are typical of stands of cultivated plants and which are relevant for the reduction of the potential evapotranspiration, the model's input data should also include data on the thickness of the root zone and about the interception capacity of the stand under consideration, and should further include values of the average field capacity and of the wilking point, i.e. as regards the layer of variable moisture and for the root zone.

1. Einleitung

Visser (1969) weist darauf hin, daß die häufig mit großem Aufwand an Kosten und Arbeit erreichten Genauigkeiten bei der Verdunstungsbestimmung beim Umrechnen auf größere Gebiete verlorengehen, da die Anpassung an Eigenschaften des Bodenprofils, an Bodenfeuchteverhältnisse sowie an Eigenschaften der Pflanzendecke die schwache Seite der genauen, aber auf einen Punkt beschränkten Verdunstungsbestimmung darstellt. Für die Planung und Arbeitsorganisation und zur Festlegung das Profil der Pflanzenproduktion bestimmender Maßnahmen ist jedoch die Betrachtung größerer landwirtschaftlich genutzter Areale erforderlich. Deshalb ist man sowohl im nationalen als auch internationalen Maßstab um eine flächendeckende Bewertung der Verdunstung bemüht. Für das Gebiet der DDR fehlt gegenwärtig ein Verfahren zur Bestimmung der Verdunstung über landwirtschaftlichen Produktionsgebieten, das der Vielfalt der auftretenden Bodenarten sowie den Anbauverhältnissen gerecht wird. Die Entwicklung einer den Anbauverhältnissen sowie den Bodenbedingungen Rechnung tragenden agrarmeteorologischen Methode zur Verdungstungsbestimmung, die für Produktionsflächen differenzierter Größe anwendbar ist und auch Aussagen zur aktuellen Evapotranspiration verschiedener Kulturen in Abhängigkeit vom Entwicklungsstadium der Pflanzen sowie zum Bodenfeuchteverhalten in der Ausschöpfungsschicht ermöglicht, stellt aus der Sicht der agrarwissenschaftlichen Forschung und der landwirtschaftlichen Praxis ein dringendes Erfordernis dar. Ausgehend von dieser Tatsache bot sich ein in der UVR praktiziertes Verfahren zur Bestimmung der Gebietsverdunstung, das auf die Werte der von *Antal* (1968) abgeleiteten Formel zur Ermittlung der potentiellen Evapotranspiration und auf sein Reduktionsmodell zurückgreift, nach entsprechender Modifizierung und Anpassung an die Bedingungen der DDR für die Berechnung der Verdunstung über landwirtschaftlichen Produktionsgebieten an.

2. Grundlagen des in der UVR angewendeten Verfahrens

Den Kern der für die klimatischen Bedingungen der UVR entwickelten komplexen Methode zur Berechnung der aktuellen Evapotranspiration und zur fortlaufenden Simulation des Bodenwasservorrates in der Durchwurzelungsschicht für die in einem Gebiet auftretenden Waldflächen und landwirtschaftlichen Kulturpflanzenbestände bildet der *Antal*sche Reduktionsansatz

$$R' = \frac{W_* + \beta}{1 + \beta} \cdot W_* .$$

*) In weiteren Mitteilungen Modell von *J.* und *G. Müller*

Die Größe W_*, die dem Verhältnis von produktivem Bodenwasservorrat zu nutzbarer Feldkapazität (Maximalmenge pflanzenverfügbaren Wassers im Boden) entspricht, läßt sich nach der Gleichung

$$W_* = \frac{SW - PWP}{FK - PWP}$$

einfach ermitteln, in der PWP (permanenter Welkepunkt) die Wassermenge ist, welche die Pflanze auf Grund der begrenzten Saugspannung ihrer Wurzeln nicht mehr aufzunehmen vermag, und in der FK (Feldkapazität) die Wassermenge darstellt, die die Durchwurzelungszone maximal halten kann, ohne daß Wasserabfluß aus dieser Schicht in tieferliegende Schichten erfolgt. SW verkörpert den tatsächlichen Wasservorrat, und β ist ein kulturpflanzenspezifischer biologisch-physiologischer Parameter, der mit Hilfe von Kompensationsevapotranspirometern bestimmt werden kann, und der in Abhängigkeit vom Zustand und der Entwicklung des Bestandes zwischen 0 und 1 schwankt. Der Wert des kulturpflanzenspezifischen biologisch-physiologischen Parameters β bedeutet die in Einheiten der maximalen optimalen Transpiration (OT_M) ausgedrückte optimale Transpiration (OT). Der Begriff „optimale Transpiration" ist vom Begriff „optimale Evapotranspiration" (OET) abgeleitet, von dem gesprochen wird, wenn die Pflanze potentiell transpirieren kann, die Bedingungen für eine potentielle Evaporation unmittelbar aus dem Erdboden jedoch nicht vorliegen (siehe auch *Füri* und *Kozma* 1975, 1977). Es gilt stets $AET \leqq OET \leqq PET$, wobei AET gleich der aktuellen und PET der potentiellen Evapotranspiration entspricht. Halbdekadenwerte von β verschiedener landwirtschaftlicher aber auch gärtnerischer Nutz- und Kulturpflanzen für den Zeitraum von März bis Oktober wurden sowohl von *Posza* und *Stollar* (1983) als auch von *Posza* (1980, 1984) erarbeitet. Die rechnerische Abschätzung von 5-tägigen Summen der potentiellen Evapotranspiration erfolgt in der UVR nach *Antal* (1968) mit der Formel

$$PET = 3{,}68 \Delta e^{0{,}7} \, (1 + \alpha \cdot t)^{4{,}8},$$

in der Δe das Pentadenmittel des Sättigungsdefizits (hPa) und t das Pentadenmittel der Lufttemperatur (°C) darstellt. Für α wird mit dem Wert 1/273 gerechnet.

3. Modifizierung, Anpassung und Weiterentwicklung des Verfahrens der Verdunstungsbestimmung mit dem Ziel der Anwendung auf landwirtschaftliche Produktionsflächen in der DDR

Es war nicht zu erwarten, daß ein für die Boden- und klimatischen Bedingungen der UVR entwickeltes Verfahren bei der Bestimmung der Verdunstung über landwirtschaftlichen Nutzflächen in der DDR Ergebnisse liefert, die dessen unbedenkliche Anwendung, ohne daß bestimmte Modellmodifizierungen vorgenommen worden sind, rechtfertigen. Für Grasbestände durchgeführte Testrechnungen haben ergeben, daß das UVR-Verfahren in seiner ursprünglichen Form eine für die gesamte Vegetationsperiode zu niedrige Verdunstungssumme und damit zu hohe Werte des pflanzenverfügbaren Wasservorrats in der betrachteten Bodenschicht, die der Durchwurzelungszone entspricht, insbesondere in den Monaten Juli, August und September, erbringt. Deshalb wurde eine Korrektur der Reduktionsfunktion, aber auch das zur Simulation des pflanzenverfügbaren Bodenwasservorrats erforderliche Einschicht-Modell modifiziert. Es wurde ein Einschicht-Bodenfeuchtemodell mit zwei Sektoren, einem Entzugssektor und einem Nachlieferungssektor entwickelt, welches nicht nur die Durchwurzelungszone, sondern die gesamte Ausschöpfungszone einbezieht, wobei für die Reduktion der potentiellen Evapotranspiration nur der Wasservorrat im Entzugssektor Bedeutung erlangt. Die beiden Modellsektoren verhalten sich, was ihren maximalen Wasservorrat anbetrifft, wie die nutzbare Feldkapazität einer Oberschicht, die 60 % der Ausschöpfungszone umfaßt, zur nutzbaren Feldkapazität einer die übrigen 40 % der Ausschöpfungszone ausmachenden Unterschicht. Die Oberschicht soll dabei der Durchwurzelungszone entsprechen. Das zur Bodenwasservorratsbestimmung entwickelte Modell ist nicht zu vergleichen mit einem Zweischicht-Bodenfeuchteentzugsmodell. Beide Modellsektoren stellen ein Rechenhilfsmittel dar, geben aber nicht den tatsächlichen pflanzenverfügbaren Wasservorrat in der jeweiligen Schicht (Ober- und Unterschicht) wieder. Der addierte Wasservorrat beider ergibt jedoch den pflanzenverfügbaren Bodenwasservorrat der mit der Ausschöpfungszone identischen Gesamtschicht. Anstelle der Halbdekadensummen der potentiellen Evapotranspiration nach *Antal* gelangen die entsprechenden Werte der Formel von *Turc*, berechnet nach einer von *Wendling* und *Schellin* (1986) beschriebenen Methode, zur Anwendung. Die Annahme, daß die Verdunstung des nach Niederschlägen auftretenden Interzeptionswassers pro Zeiteinheit um 30 % höher liegt als die potentielle Evapotranspiration nach *Turc* (*Monteith* 1965, *Thom* 1972, *Koitzsch* 1987) ermöglicht unter der Voraussetzung, daß der Interzeptionsniederschlag bekannt ist, die Aufteilung der in die Berechnung einbezogenen Halbdekade in einen Zeitabschnitt, in dem nur die Verdunstung von Interzeptionswasser stattfindet, und einen Zeitabschnitt, in dem nur aktuelle Evapotranspiration (bei Feuchtesättigung des Bodens potentielle Evapotranspiration) abläuft. Da es sich um landwirtschaftliche Bestände handelt, wird mit einer um 15 % erhöhten potentiellen Evapotranspirationssumme gearbeitet. Den gleichen Korrekturzuschlag empfehlen auch *Wendling* und *Schellin* (1986). Entsprechend der Tatsache, daß die Dicke sowohl der Durchwurzelungsschicht als auch der Ausschöpfungsschicht während der Vegetationsperiode Veränderungen unterliegt, ist das verwendete Bodenwasservorratsmodell etwas komplizierter aufgebaut. Wie bereits von *Müller* und *Müller* (1987) erwähnt, setzt das Teilmodell jedoch die gleichen relativen Veränderungen der beiden Schichtdicken und damit eine Konstanz des Verhältnisses der Ausschöpfungsschichtdicke zur Durchwurzelungsschichtdicke von 10 zu 6 voraus. Auf der Grundlage einer Auszählung der Niederschlagstage und Niederschlagsereignisse in den einzelnen Monaten der Jahre 1971 bis 1976 von Halle-Kröllwitz wurden sowohl für Bestandeshöhen $\leqq 0{,}6$ m als auch für Bestandeshöhen $\geqq 0{,}6$ m einfache handhabbare Beziehungen zur Bestimmung des Interzeptionsniederschlages gefunden.

Die sich zur Bestimmung der aktuellen Evapotranspiration einer landwirtschaftlichen Fruchtart und zur Simulation des Bodenwasservorrates unter ihrem Bestand für einen diskreten Standort ergebenden Modellgleichungen sind nachstehend zusammengestellt (Übersicht 1).

Übersicht 1: Zur Verdunstungsbestimmung und Wasservorratssimulation verwendete Formeln

$PET_L = 1{,}15\ PET_{TURC}$

PET_{TURC} – Potentielle Evapotranspiration nach TURC für die betrachtete Halbdekade (mm)

PET_L – Potentielle Evapotranspiration landwirtschaftlicher Nutzflächen für die betrachtete Halbdekade (mm)

$E_I^* = 1{,}3\ PET_{TURC}$

E_I^* – Verdunstung von Interzeptionswasser in der betrachteten Halbdekade bei unbegrenzter Nachführung (mm)

$Z_{PF} \leqq 0{,}6\ \text{m}:\ N_I = 0{,}5 \cdot IK \cdot N_K$

$$Z_{PF} \geqq 0{,}6\ \text{m}:\ N_I = \left[\frac{(0{,}375 - e^{-1})\ 0{,}75}{IK} + e^{-\frac{0{,}75}{IK}}\right] \cdot N_K$$

Z_{PF} – Bestandshöhe (m)

N_I – Höhe des Interzeptionsniederschlages in der betrachteten Halbdekade (mm)

IK – Interzeptionskapazität des Bestandes in der betrachteten Halbdekade (mm)

N_K – Korrigierte Niederschlagshöhe der betrachteten Halbdekade (mm)

$E_I^* \geqq N_I:\ N_B = N_K - N_I$

$E_I^* \leqq N_I:\ N_B = N_K - E_I^*$

N_B – Höhe des den Erdboden erreichenden Niederschlages in der betrachteten Halbdekade (mm)

$$E_I^* \geqq N_I:\ AND_{E_I} = \frac{N_I}{E_I^*}$$

$E_I^* \leqq N_I:\ AND_{E_I} = 1$

AND_{E_I} – Wichtungsgröße für den Anteil der Zeit innerhalb der betrachteten Halbdekade, in der Interzeptionsverdunstung stattfindet

$AND_{ET} = 1 - AND_{E_I}$

AND_{ET} – Wichtungsgröße für den Anteil der Zeit innerhalb der betrachteten Halbdekade, in der Evaporation vom Boden und Transpiration aus der Pflanze stattfindet

$$Z_{G_{j-1}} = \frac{10 \cdot Z_{D_{j-1}}}{6}$$

$Z_{D_{j-1}}$ – Dicke der Oberschicht zu Beginn der betrachteten Halbdekade (cm)

$Z_{G_{j-1}}$ – Dicke der Ober- und Unterschicht umfassenden Ausschöpfungsschicht zu Beginn der betrachteten Halbdekade (cm)

$nFK_{D_{j-1}} = FK_{D_{j-1}} - PWP_{D_{j-1}}$

$FK_{D_{j-1}}$ – Bodenwasservorrat bei Feldkapazität für Oberschicht zu Beginn der betrachteten Halbdekade (mm)

$PWP_{D_{j-1}}$ – Bodenwasservorrat beim permanenten Welkepunkt für Oberschicht zu Beginn der betrachteten Halbdekade (mm)

$nFK_{D_{j-1}}$ – Nutzbare Feldkapazität (maximaler pflanzenverfügbarer (produktiver) Wasservorrat) der Oberschicht zu Beginn der betrachteten Halbdekade (mm)

$WMAX'_{D_{j-1}} = nFK_{D_{j-1}}$

$WMAX'_{D_{j-1}}$ – Maximal möglicher Wasservorrat des Entzugssektors zu Beginn der betrachteten Halbdekade (mm)

$$W'_* = \frac{W'_{D_{j-1}}}{WMAX'_{D_{j-1}}}$$

$W'_{D_{j-1}}$ – Tatsächlicher Wasservorrat des Entzugssektors zu Beginn der betrachteten Halbdekade (mm)

W'_* – Verhältnis von tatsächlichem Wasservorrat des Entzugssektors zu maximal möglichem Wasservorrat des Entzugssektors zu Beginn der betrachteten Halbdekade

$$R = \frac{W'_* + \beta}{1 + \beta} \cdot W'_*$$

R – Reduktionsfaktor nach ANTAL

β – Kulturpflanzenspezifischer biologisch-physiologischer Parameter für die betrachtete Halbdekade

$$KORR = \frac{1 - R}{4}$$

$KORR$ – Korrekturgröße für den Reduktionsfaktor

$R_K = R + KORR$

R_K – Korrigierter Reduktionsfaktor

$ET^* = R_K \cdot PET_L$

ET^* – Verdunstung in der betrachteten Halbdekade unter der Voraussetzung, daß keine Verdunstung von Interzeptionswasser stattfindet (mm)

$ET = AND_{ET} \cdot ET^*$

ET – Anteile von Evapotranspiration aus dem Boden plus Transpiration aus der Pflanze an der Verdunstungssumme der betrachteten Halbdekade (mm)

$E_I^* \geqq N_I:\ E_I = N_I$

$E_I^* \leqq N_I:\ E_I = E_I^*$

E_I – Anteil der Interzeptionsverdunstung an der Verdunstungssumme der betrachteten Halbdekade (mm)

$AET = ET + E_I$

AET – Aktuelle Evapotranspiration (einschließlich Interzeptionsverdunstung) in der betrachteten Halbdekade (mm)

$$Z_{G_j} = \frac{10 \cdot Z_{D_j}}{6}$$

Z_{D_j} – Dicke der Oberschicht zu Beginn der nachfolgenden Halbdekade (cm)
Z_{G_j} – Dicke der Ober- und Unterschicht umfassenden Ausschöpfungsschicht zu Beginn der nachfolgenden Halbdekade (cm)

$nFK_{GM} = FK_{GM} - PWP_{GM}$
FK_{GM} – Bodenwasservorrat bei Feldkapazität für die Schicht, die der Ausschöpfungsschicht bei maximaler Durchwurzelungstiefe entspricht (mm). Schichtmächtigkeit = maximale Ausschöpfungsschichtdicke
PWP_{GM} – Bodenwasservorrat beim permanenten Welkepunkt für die Schicht, die der Ausschöpfungsschicht bei maximaler Durchwurzelungstiefe entspricht (mm). Schichtmächtigkeit = maximale Ausschöpfungsschichtdicke
nFK_{GM} – Nutzbare Feldkapazität (maximaler pflanzenverfügbarer (produktiver) Wasservorrat) der Schicht, die der Ausschöpfungsschicht bei maximaler Durchwurzelungstiefe entspricht (mm).
Schichtmächtigkeit = maximale Ausschöpfungsschichtdicke

$nFK_{G_j} = FK_{G_j} - PWP_{G_j}$
FK_{G_j} – Bodenwasservorrat bei Feldkapazität für die Ober- und Unterschicht umfassende Ausschöpfungsschicht zu Beginn der nachfolgenden Halbdekade (mm)
PWP_{G_j} – Bodenwasservorrat beim permanenten Welkepunkt für die die Ober- und Unterschicht umfassende Ausschöpfungsschicht zu Beginn der nachfolgenden Halbdekade (mm)
nFK_{G_j} – Nutzbare Feldkapazität (maximaler pflanzenverfügbarer (produktiver) Wasservorrat) der die Ober- und Unterschicht umfassenden Ausschöpfungsschicht zu Beginn der nachfolgenden Halbdekade (mm)

$nFK_{D_j} = FK_{D_j} - PWP_{D_j}$
FK_{D_j} – Bodenwasservorrat bei Feldkapazität für die Oberschicht zu Beginn der nachfolgenden Halbdekade (mm)
PWP_{D_j} – Bodenwasservorrat beim permanenten Welkepunkt für die Oberschicht zu Beginn der nachfolgenden Halbdekade (mm)
nFK_{D_j} – Nutzbare Feldkapazität (maximaler pflanzenverfügbarer (produktiver) Wasservorrat) der Oberschicht zu Beginn der nachfolgenden Halbdekade (mm)

$WMAX'_{D_j} = nFK_{D_j}$
$WMAX'_{D_j}$ – Maximal möglicher Wasservorrat des Entzugssektors zu Beginn der nachfolgenden Halbdekade (mm)

$(nW_{GM_{j-1}} - ET + N_B) \geqq nFK_{GM}$:
$nW_{GM_j} = nFK_{GM}$
$(nW_{GM_{j-1}} - ET + N_B) \leqq nFK_{GM}$:
$nW_{GM_j} = nW_{GM_{j-1}} - ET + N_B$
$nW_{GM_{j-1}}$ – Pflanzenverfügbarer (nutzbarer, produktiver) Bodenwasservorrat der Schicht, die der Ausschöpfungsschicht bei maximaler Durchwurzelungstiefe entspricht, zu Beginn der betrachteten Halbdekade (mm).
Schichtmächtigkeit = maximale Ausschöpfungsschichtdicke
nW_{GM_j} – Pflanzenverfügbarer (nutzbarer, produktiver) Bodenwasservorrat der Schicht, die der Ausschöpfungsschicht bei maximaler Durchwurzelungstiefe entspricht, zu Beginn der nachfolgenden Halbdekade (mm).
Schichtmächtigkeit = maximale Ausschöpfungsschichtdicke

$nW_{S_{j-1}} = nW_{GM_{j-1}} - nW_{G_{j-1}}$
$nW_{G_{j-1}}$ – Pflanzenverfügbarer (nutzbarer, produktiver) Bodenwasservorrat, der die Ober- und Unterschicht umfassenden Ausschöpfungsschicht zu Beginn der betrachteten Halbdekade (mm)
$nW_{S_{j-1}}$ – Pflanzenverfügbarer (nutzbarer, produktiver) Bodenwasservorrat der Pufferschicht zu Beginn der betrachteten Halbdekade (mm). Nimmt bei Erreichen der maximalen Durchwurzelungstiefe den Wert 0 an.

$W'_{R_{j-1}} = nW_{G_{j-1}} - W'_{D_{j-1}}$
$W'_{R_{j-1}}$ – Tatsächlicher Wasservorrat des Nachlieferungssektors zu Beginn der betrachteten Halbdekade (mm)

$(Z_{G_j} - Z_{G_{j-1}}) > 0$:

$$\Delta W'' = (Z_{G_j} - Z_{G_{j-1}}) \frac{nW_{S_{j-1}}}{Z_{GM} - Z_{G_{j-1}}}$$

$(Z_{G_j} - Z_{G_{j-1}}) = 0$: $\Delta W'' = 0$
$(Z_{G_j} - Z_{G_{j-1}}) < 0$:

$$\Delta W'' = (Z_{G_j} - Z_{G_{j-1}}) \frac{W'_{R_{j-1}}}{Z_{G_{j-1}} - Z_{D_{j-1}}}$$

Z_{GM} – Dicke der Schicht, die der Ausschöpfungsschicht bei maximaler Durchwurzelungstiefe entspricht (cm)
$\Delta W''$ – Durch Veränderung der Dicke der Ausschöpfungsschicht hervorgerufene Änderung des pflanzenverfügbaren (nutzbaren, produktiven) Bodenwasservorrates (mm)

$(nW_{G_{j-1}} - ET + N_B + \Delta W'') \geqq nFK_{G_j}$:
$nW_{G_j} = nFK_{G_j}$
$(nW_{G_{j-1}} - ET + N_B + \Delta W'') \leqq nFK_{G_j}$:
$nW_{G_j} = nW_{G_{j-1}} - ET + N_B + \Delta W''$
nW_{G_j} – Pflanzenverfügbarer (nutzbarer, produktiver) Bodenwasservorrat der die Ober- und Unterschicht umfassenden Ausschöpfungsschicht zu Beginn der nachfolgenden Halbdekade (mm)

$(Z_{D_j} - Z_{D_{j-1}}) > 0$:

$$\Delta W' = (Z_{D_j} - Z_{D_{j-1}}) \frac{W'_{R_{j-1}}}{Z_{G_{j-1}} - Z_{D_{j-1}}}$$

$(Z_{D_j} - Z_{D_{j-1}}) = 0$: $\Delta W' = 0$

$(Z_{D_j} - Z_{D_{j-1}}) < 0$:

$$\Delta W' = (Z_{D_j} - Z_{D_{j-1}}) \frac{W'_{D_{j-1}}}{Z_{D_{j-1}}}$$

$\Delta W'$ – Durch Veränderung der Dicke der Oberschicht hervorgerufene Wasservorratsänderung im Entzugssektor (mm)

$$(W'_{Dj-1}-ET+N_B+\Delta W')\geqq WMAX'_{Dj}:$$
$$W'_{Dj}=WMAX'_{Dj}$$
$$(W'_{Dj-1}-ET+N_B+\Delta W')\leqq WMAX'_{Dj}:$$
$$\frac{(W'_{Dj-1}-ET+N_B+\Delta W')}{Z_{D_j}}\leqq\frac{nW_{G_j}}{Z_{G_j}}:W'_{Dj}=\frac{nW_{G_j}\cdot Z_{D_j}}{Z_{G_j}}$$
$$\frac{(W'_{Dj-1}-ET=N_B+\Delta W')}{Z_{D_j}}\geqq\frac{nW_{G_j}}{Z_{G_j}}:W'_{Dj}=W'_{Dj-1}-ET+N_B+\Delta W'$$

W'_{Dj} – Tatsächlicher Wasservorrat des Entzugsektors zu Beginn der nachfolgenden Halbdekade (mm)

Die wiedergegebenen Gleichungen finden nur im Zeitraum von März bis Oktober Anwendung. Für die Monate November bis Februar wird das von *Wendling* und *Müller* (1984) entwickelte Verfahren zur rechnerischen Abschätzung der Verdunstung im Winter genutzt. *Richter* (1981) schlägt vor, bei flüssigem Niederschlag eine Korrektur von +10 % an der gemessenen Niederschlagssumme anzubringen und bei festem Niederschlag (Schnee) den Meßwert um +30 % zu korrigieren. Im Falle vorliegenden Modells wurde bei Halbdekadenmitteln der Lufttemperatur unter dem Gefrierpunkt Niederschlag in fester Form angenommen.

4. Abschließende Bemerkungen

Obwohl Probleme des Wärme- und Wasserhaushaltes, speziell der Verbunstung landwirtschaftlicher Kulturpflanzenbestände schon seit langer Zeit weltweit einen Schwerpunkt der agrarmeteorologischen Forschung bilden, stehen, wie auch von *Biemelt* (1986) treffend festgestellt, einer genauen und detaillierten Modellierung der Evapotranspiration noch viele Erkenntnislücken entgegen. Mit der Erarbeitung vorliegenden Modells wurde der Versuch unternommen, die verschiedenen Einflußfaktoren, die im System Boden—Pflanze—Atmosphäre auf den Verdunstungsprozeß einwirken, mittels einfacher und überschaubarer Ansätze zu erfassen.

Literatur

Antal, E.: Az öntözes előrejelzése meteorológiai adatok alapján. Kandidátusi értekezés, Budapest 1968, 147 S.

Biemelt, D.: Vergleich von Verdunstungsmodellen unterschiedlicher Aufgabenstellung, Humboldt-Universität Berlin, Sektion Physik, Dipl.-Arbeit 1986

Füri, J. u. *Kozma, F.*: A szölö evapotranspirációja. Időjárás, Budapest 79 (1975) 2, S. 112–120

Füri, J. u. *Kozma, F.*: Der Wasserverbrauch und -bedarf der Reben während der Vegetationsperiode. Die Wein-Wissenschaft, Wiesbaden **32** (1977) 2, S. 103–121

Koitzsch, R.: Ein Einschicht-Modell zur Schätzung der aktuellen Evapotranspiration und des nutzbaren Wasservorrates bei Pflanzenbeständen. Z. Meteorol., Berlin **37** (1987) 2, S. 114–119

Monteith, J. L.: Evaporation and environment, Symp. Soc. Exp. Biol. **19** (1965), S. 205–234

Müller, J. u. *Müller, G.*: Vorstellung eines komplexen Modells zur Schätzung der Verdunstung und des Bodenwasservorrates sowie dessen Prüfung an dem Material eines ausgewählten Standortes. Vortragstagung Agrarmeteorologie, 26.–29. 08. 1986 in Halle (S.), Kongreß- und Tagungsberichte der Martin-Luther-Universität Halle–Wittenberg, S. 86–90

Posza, I.: Konzervnövények evapotranspirációja. Az OMSZ hivatalos kiadványai XLIX. szam. Beszámolok az 1978-ban végzett tudományos kutatásokrol. Budapest 1980, S. 226–231

Posza, I.: Növényállományok evapotranspirációja. Egyetemi doktori értekezés. Szarvas 1984, 111 S.

Posza, I. u. *Stollar, A.*: A tényleges párolgás szamittáshoz használt növenykonstansok értékei többévi mérés alapján. Időjárás, Budapest 88 (1983) 3, S. 170–177

Richter, D.: Verfahrenshinweis zur Korrektur von verdichteten Werten der Niederschlagshöhe. Arbeitsmappe Gutachtenerteilung des Meteorol. Dienstes der DDR. III-1, 1981, S. 1–3

Thom, A. S.: Momentum, mass and heat exchange of vegetation. Quart. J. Roy. Meteorol. Soc., London **98** (1972) 415, S. 124–134

Visser, W. C.: Die Bestimmung der Gebietsverdunstung als Routinemethode. Abh. Meteorol. Dienstes DDR, Berlin XIII (1969) 97, S. 37–52

Wendling, U. u. *Müller, J.*: Entwicklung eines Verfahrens zur rechnerischen Abschätzung der Verdunstung im Winter. Z. Meteorol., Berlin **34** (1984) 2, S. 82–85

Wendling, Z. u. *Schellin, H. G.*: Neue Ergebnisse zur Berechnung der potentiellen Evapotranspiration. Z. Meteorol., Berlin **36** (1986) 3, S. 214–217

Anschriften: Dr. Jurik Müller, Meteorologischer Dienst der DDR, Forschungsinstitut für Agrarmeteorologie, Am Donnersberg 12, Halle (Saale), DDR - 4050

Prof. Dr. rer. nat. sc. agr. Georg Müller, Martin-Luther-Universität Halle–Wittenberg, Sektion Pflanzenproduktion, Agrarmeteorologie, Große Steinstraße 81, Halle (Saale), DDR - 4020

Manuskripteingang: 19. 1. 1988

Hinweise für die Autoren

1. In der „Zeitschrift für Meteorologie" können Originalarbeiten (Übersichtsreferate, Aufsätze, kurze Originalmitteilungen, Buchbesprechungen, aktuelle Beiträge zur Chronik des Fachgebietes) in deutscher, russischer oder englischer, in Ausnahmefällen auch in französischer oder spanischer Sprache veröffentlicht werden.
Es wird gebeten, den Titel der Arbeit in deutscher, russischer und englischer Sprache anzugeben.
2. Es wird darum gebeten, Manuskripte direkt an einen der Herausgeber einzureichen. Die Herausgeber sind berechtigt, ggf. den Autoren Änderungswünsche zu unterbreiten.
Anschriften: Prof. Dr. K. Bernhardt, Humboldt-Universität zu Berlin, Sektion Physik, Bereich Meteorologie und Geophysik, Müggelseedamm 256/258, DDR - 1162 Berlin. Dr. W. Häuser, Friedrich-Ebert-Straße 72, DDR - 1560 Potsdam. Prof. Dr. H. Pleiß, Am Kronenhügel 4, 8090 Dresden. Prof. Dr. J. Taubenheim, Akademie der Wissenschaften der DDR, Heinrich-Hertz-Institut für Atmosphärenforschung und Geomagnetismus, Rudower Chaussee 5, DDR - 1199 Berlin.
3. Jedem Aufsatz sollte vom Autor eine Zusammenfassung von maximal 8—10 Schreibmaschinenzeilen in deutscher und mindestens einer Fremdsprache (russisch, englisch) vorangestellt werden.
4. Die Manuskripte sind in Maschinenschrift $1^1/_2$zeilig auf A 4-Bogen erwünscht. Bei der Anfertigung der Manuskripte sind die TGL 6710 Blatt 1 (Maschinengeschriebene Manuskripte für Bücher, Broschüren und Zeitschriften) und die TGL 29447 (Formeln in Druckerzeugnissen) zu beachten.
5. Abbildungen sind in gut reproduzierbaren Vorlagen einzusenden. Die Beschriftung auf den Abbildungen soll mit Bleistift erfolgen. Der Maßstab für eine evtl. Verkleinerung oder Vergrößerung ist in der rechten oberen Ecke ebenfalls mit Bleistift anzugeben.
6. Sollen bestimmte Manuskriptteile kleiner als der übliche Text oder kursiv bzw. gesperrt gesetzt werden, so ist das Manuskript für diesen Teil auch $1^1/_2$zeilig zu schreiben, aber seitlich mit einem senkrechten Strich zu versehen und mit „Kleindruck", „kursiv" oder „gesperrt" zu kennzeichnen.
7. Für die Literaturangaben wird folgende Verfahrensweise empfohlen. Im Text: Angabe des Verfassers und der Jahreszahl, bei mehreren Artikeln des gleichen Verfassers im gleichen Jahr sollte bei der Jahreszahl der Zusatz a), b), c) usw. gemacht werden. Im Literaturverzeichnis: Name und abgekürzter Vorname des Autors, Titel der Arbeit, Angabe der Zeitschrift, des Bandes, des Erscheinungsjahres sowie der Seitenzahl. Bei Büchern sind die entsprechenden Angaben erwünscht unter Hinzufügung des Verlages, des Erscheinungsortes und bei Neu- und Nachauflagen der Auflagennummer.
8. Den Autoren wird empfohlen, nur die gesetzlich verbindlichen Maßeinheiten und deren Abkürzungen zu verwenden (TGL 31548).
9. Die eingereichten Arbeiten dürfen an keiner anderen Stelle bereits veröffentlicht worden sein; die Autoren verpflichten sich, zum Druck angenommene Arbeiten nicht anderweitig zu veröffentlichen.
10. Die Redaktion macht darauf aufmerksam, daß der Verlag berechtigt ist, dem Autor den über 10 % der Gesamtkosten des Satzes hinausgehenden Betrag für Korrekturen, die nicht durch Verschulden der Druckerei entstanden sind, in Rechnung zu setzen.
11. Jeder Autor erhält 50 Sonderdrucke kostenlos; bei Arbeiten mehrerer Autoren erhält jeder Autor 30 Sonderdrucke.
12. Nachdrucke und Übersetzungen sind nur unter Angabe der Quelle und mit Genehmigung des Verlages gestattet.
13. Für den Inhalt der Arbeiten sind ausschließlich die Autoren verantwortlich. Die Redaktion ist für alle den Druck der Arbeiten betreffenden Fragen zuständig.
14. Die Anschrift der Redaktion lautet: Redaktion „Zeitschrift für Meteorologie", Kleine Weinmeisterstr. 14, DDR - 1560 Potsdam.

Содержание

Статьи

Булл, Г., Х. Гёринг, Й. Нейссер: Атмосферные инфразвуковые волны (на немецком языке) 265
Кёй ти Ксин и *У. Дамрать:* Модель имитации бризовой циркуляции с учетом орографических препятствий, расположенных вблизи морского берега (на немецком языке) 284
Экланд, Х., Х. Энгедаль, О. Саннес: Моделирования катабатического ветра в упрощенной топографии долины (на английском языке) 293
Леманн, Р.: О простом, исправленном по потоку алгоритме переноса для решения уравнения переноса и диффузии в случае преобладающего переноса (на английском языке) 299
Энке, В.: Несмещенная линейная модель самоорганизации (на немецком языке) 308
Гаст, М., Д. Гётц: Измерение величин концентрации сажи в атмосферном аэрозоле (на немецком языке) . . . 315
Шенк, Р. и *Х. Виндишь:* Вывод дифференциального уравнения для описания распространения газов, имеющих плотность, отличающуюся от плотности воздуха в атмосфере (на немецком языке) 324
Вендишь, М. и *Л. Гонима Г.:* Нелинейный анализ чувствительности модели радиации (на английском языке) 328
Мюллер, Й. и *Мюллер Г.:* Расчет испарения с территорий сельскохозяйственного производства, I-ое сообщение (на немецком языке) 332

Рецензии

Ротьхардт, Г.: Практика разработки средств программирования (на немецком языке) 283
Вклады в мореведение, выпуск 56 (на немецком языке) 298
Фень, И. С. и *П. Л. Стивенс* (издатели): Муссоны (на английском языке) 307
Дес, П. К.: Муссоны, ВМО № 613 (на английском языке) 307
Абарбанель, Х. Д. И., Янг, В. Р. (издатели): Общая циркуляция океана (на английском языке) 314
Штарк, Б. и *Л. Мартини:* Абсорбционно-спектроскопические измерения на ракетах и спутниках с целью определения газовых составных частей атмосферы (на немецком языке) 331

ZEITSCHRIFT FÜR METEOROLOGIE

Band 38 1988 Heft 5

Contents

Papers

Bull, G., H. Goering, J. Neisser: Atmospheric infra-sonic waves (German) 265
Kieu thi Xin and *U. Damrath:* A model for the simulation of the land/sea breeze circulation taking into account near-coastal orographic barriers (German) 284
Økland, H., H. Engedahl, O. Sannes: Model simulations of katabatic wind in a simplified valley topography (English) 293
Lehmann, R.: On a simple flux-corrected transport algorithm for the solution of the advection-diffusion equation in the case of predominant advection (English) 299
Enke, W.: A non-overfitting linear self-organising model (German). 308
Gast, M., D. Götz: Measurement of soot concentration in atmospheric aerosols (German) 315
Schenk, R. and *H. Windisch:* Development of a differential equation for the description of the propagation of gases of a density other than of atmospheric air (German) 324
Wendisch, M. and *L. Gónima G.:* Non-linear sensitivy analysis of a radiation model (German) 328
Müller, J. and *G. Müller:* Calculation of the evaporation on agricultural areas 1. Communication (German) 332

Book reviews

Rothhardt, G.: Operational software development (German) 283
Contributions to Oceanography, No. 56 (German) 298
Fein, J. S. and *P. L. Stephens:* Monsoons (English) 307
Das, P. K.: Monsoons (English) 307
Abarbanel, H. D. I. and *W. R. Young* (Edts.): General circulation of the ocean (English) . 314
Stark, B. and *L. Martini:* Absorption spectroscopic measurements on rockets and satellites serving the determination of atmospheric gas constituents (German) 331

Inhaltsverzeichnis

Aufsätze

Bull, G., H. Goering, J. Neisser: Atmosphärische Infraschallwellen (Deutsch) 265
Kieu thi Xin und *U. Damrath:* Ein Modell zur Simulation der Land-See-Wind-Zirkulation unter Berücksichtigung orographischer Hindernisse in Küstennähe (Deutsch) . . . 284
Økland, H., H. Engedahl, O. Sannes: Modellsimulationen des katabatischen Windes in einer vereinfachten Talform (Englisch) . . . 293
Lehmann, R.: Über ein einfaches FCT-Verfahren zur Lösung der Advektions-Diffusions-Gleichung im Falle überwiegender Advektion (Englisch) 299
Enke, W.: Ein erwartungstreues lineares Selbstorganisationsmodell (Deutsch) . . . 308
Gast, M., D. Götz: Messung von Rußkonzentrationen im atmosphärischen Aerosol (Deutsch) 315
Schenk, R. und *H. Windisch:* Herleitung einer Differentialgleichung für die Beschreibung der Ausbreitung von Gasen anderer Dichte als Luft in der Atmosphäre (Deutsch) 324
Wendisch, M. und *L. Gonima G.:* Nicht-Lineare Empfindlichkeitsanalyse eines Strahlungsmodells (Englisch) 328
Müller, J., Müller G., Berechnung der Verdunstung landwirtschaftlicher Produktionsgebiete, 1. Mittelung (Deutsch) 332

Buchbesprechungen

Rothhardt, G.: Praxis der Softwareentwicklung (Deutsch) 283
Beiträge zur Meereskunde, Heft 56 (Deutsch) 298
Fein, J. S. und *P. L. Stephens:* Monsune (Englisch) 307
Das, P. K.: Monsune (Englisch) 307
Abarbanel, H. D. I. and *W. R. Young* (Hrsg.): Allgemeine Zirkulation des Ozeans (Englisch) 314
Stark, B. und *L. Martini:* Absorptionsspektroskopische Messungen auf Raketen und Satelliten zur Bestimmung atmosphärischer Gaskonstituenten (Deutsch) 331

Zeitschrift für Meteorologie is indexed in Current Contents/Physical, Chemical & Earth Sciences/ Engineering, Technologie, and Sciences.

MIX
Papier | Fördert gute Waldnutzung
FSC® C083411

Zeitfracht Medien GmbH
Ferdinand-Jühlke-Straße 7
99095 Erfurt, Deutschland
produktsicherheit@kolibri360.de